AF380329

Buchdruckerei von Gustav Schade (Otto Francke) in Berlin N.

SR. EXCELLENZ

DEM

STAATSSECRETAIR DES REICHS-POSTAMTS

WIRKLICHEN GEHEIMEN RATH

HERRN

D$^{\underline{R.}}$ STEPHAN

IN TIEFER EHRFURCHT

GEWIDMET

VOM

VERFASSER.

ISBN 978-3-662-38620-0
DOI 10.1007/978-3-662-39476-2

ISBN 978-3-662-39476-2 (eBook)

Vorwort.

Bei Abfassung des vorliegenden Werkchens hat mich der Zweck geleitet, nicht nur dem Verkehrsbeamten ein Lehrmittel zu bieten, sondern überhaupt auch durch die Beschreibung der so grossartig sich entwickelnden Fernsprecheinrichtungen der deutschen Reichs-Post- und Telegraphen-Verwaltung jedem für das neue Verkehrsmittel sich Interessirenden in kurzer, übersichtlicher Form ein Bild der Einrichtung zu liefern.

Es lässt sich zwar mit Sicherheit erwarten, dass mit der wachsenden Ausbreitung des Fernsprechwesens die Vervollkommnung der gesammten Einrichtungen gleichen Schritt halten wird, und dass wir vielleicht schon nach kurzer Zeit in Folge wichtiger Verbesserungen dem heutigen Standpunkt weit vorausgeeilt sein werden.

Sollte dies aber auch der Fall sein, so ist und bleibt es doch von hohem Interesse, die gegenwärtigen Einrichtungen der deutschen Reichs-Post- und Telegraphen-Verwaltung in ihrer vorzüglichen Ausführung an der Hand der Praxis genauer kennen zu lernen und zu ersehen, wie sich im Laufe von nur vier Jahren der Ausspruch des deutschen

General-Postmeisters in dem Bericht an Se. Durchlaucht den Fürsten Reichskanzler vom 9. November 1877:

> „dass dem Telephon eine grosse Zukunft im Bereiche des menschlichen Verkehrs bevorstehe",

so umfassend erfüllt hat.

Im Weiteren ist es gerade jetzt, wo das allgemeine Fernsprechwesen sich in voller Entwickelung befindet, nicht ohne Werth, sich überzeugen zu können, dass die Einrichtungen in unserm Vaterlande den oft vielgepriesenen ausländischen Einrichtungen nicht allein in keiner Weise nachstehen, sondern sie auch in manchen Punkten, besonders in Bezug auf Solidität und praktische Ausführung übertreffen.

Möge das Büchlein seinen Zweck, nicht nur den Beamten ein Hülfsmittel zu sein, sondern auch die Kenntniss unserer deutschen Fernsprecheinrichtungen in weitere Kreise zu tragen, erfüllen!

Hamburg, im Dezember 1881.

Der Verfasser.

Inhalts-Verzeichniss.

Einleitung.

U nter „Telephonie" ($\tau\tilde{\eta}\lambda\varepsilon$, ferne, $\varphi o\nu\acute{\varepsilon}\omega$, töne) versteht man die Fortpflanzung von Tönen mittels electrischer Ströme.

Philipp Reis, Lehrer am Garnier'schen Knabeninstitut in Friedrichsdorf bei Homburg vor der Höhe, lieferte zuerst den Beweis, dass Töne, welche an einem Orte erzeugt werden, mittels der Electricität nach einem andern Orte fortgepflanzt werden können.

Bereits im Jahre 1861 hatte Reis nach langjährigen Versuchen seinen ersten electrischen Tonübertrager construirt, und durch denselben, wenn auch zuerst nur in unvollkommener Weise, seinen Zweck erreicht.

Im Jahre 1863 war es Reis gelungen, seinen Apparat — Telephon genannt — so zu verbessern, dass er im August des genannten Jahres mit demselben an die Oeffentlichkeit trat und dem Mechaniker Albert zu Frankfurt am Main die Verbreitung der von ihm construirten Telephone übertrug.

Der Jahrgang 1863 des von dem verstorbenen Professor Böttger zu Frankfurt am Main redigirten „Polytechnischen Notizblattes", der Jahresbericht des physikalischen Vereins zu Frankfurt am Main vom Jahre 1861, sowie auch ein von Reis selbst im August 1863 herausgegebener Prospekt, ent-

halten eine Beschreibung des Apparates und der mit demselben angestellten Versuche.

Das Telephon von Reis beruhte auf den Wirkungen,
welche die Magnetisirung und Entmagnetisirung des Eisens
auf die kleinsten Theile desselben (Moleküle) in Folge der
Zusammenziehung und Ausdehnung hervorbringen.

Der Apparat bestand aus zwei Theilen, einem Geber
und einem Empfänger. Der Geber hatte die Form eines
Kästchens, welches oben mit einer Membrane überspannt
war und an einer Seite ein Schallrohr zum Hineinsprechen
trug. Auf der Membrane (von Schweinsdünndarm) befand
sich ein feines Platinplättchen, welches mit einem dünnen
Kupferstreifen verbunden war. Der letztere stand mit einer
Batterie in Verbindung. Auf dem Platinplättchen ruhte ein
feines Platinstiftchen an einem leichten Hebel, dessen Fort-
setzung die Leitung bildete. Wurde in das Schallrohr hineingesprochen oder gesungen, so gerieth die eingeschlossene
Luft in Schwingungen, theilte diese der Membrane mit, und
es wurde der Strom, welcher über das Stiftchen und das
Plättchen auf der Membrane seinen Schluss fand, abwech-
selnd unterbrochen und geschlossen.

Diese durch die Schwingungen erzeugten Stromimpulse gelangten durch die einen Theil des Stromkreises bildende Drahtleitung zu dem an einem andern Ort aufgestellten Empfangs-
apparat, welcher aus einem dünnen mit isolirtem Draht
umwickelten, auf zwei Stegen eines Resonanzbodens liegenden
Eisenkern gebildet war. Der durch die Stromunterbrechungen
und Stromschliessungen verschwindende und gleich darauf
wieder eintretende Magnetismus brachte dann in dem Eisenkern Veränderungen der Moleküle und dadurch Töne hervor,
welche in der Zahl ihrer Schwingungen mit denen überein-
stimmten, die im Geber durch die Stimme erzeugt waren.

Der Apparat gab die Tonhöhe wieder, nicht die Tonfülle und die Klangfarbe, wie die späteren Telephone, sodass im Telephon von Reis gesprochene Worte nur unvollkommen, gesungene Töne dagegen besser reproducirt wurden.

Reis starb frühzeitig, seine Erfindung wurde von verschiedenen Gelehrten weiter verfolgt. Dies war besonders in Amerika der Fall, wo die Professoren Graham Bell und Gray sich eingehend mit der elektrischen Tonübertragung befassten.

Als überraschendes Ergebniss tauchte dann im Jahre 1877 plötzlich das Telephon von Bell auf. Dasselbe beruht auf dem Grundsatz, dass eine vor einem Magneten schwingende dünne Eisenplatte in dem Magneten Schwächung bzw. Stärkung des Magnetismus hervorruft und dadurch in einer um den Magneten gewickelten Drahtrolle Inductionsströme erzeugt werden. Diese durch die Leitung weiter fliessenden Ströme umkreisen am entfernten Ort die Drahtrolle eines ähnlichen Magneten, bringen in demselben analoge Aenderungen des Magnetismus hervor, durch welche die vor dem Magneten befindliche dünne Eisenplatte dieselben Schwingungen ausführen muss, wie die am ersteren Ort befindliche Platte.

Die in einem solchen Apparat mittels der menschlichen Stimme hervorgerufenen Schwingungen der dünnen Eisenplatte werden sonach zuerst in electrische Schwingungen in der Leitung (Magneto-Inductionsströme) und die letzteren am entfernten Orte vermöge der durch sie erzeugten Aenderungen des Magnetismus wieder in Schwingungen der Eisenplatte übertragen.

Hieraus ist ersichtlich, dass das Prinzip, auf welchem Bell sein Telephon begründet hat, eben dasselbe ist, wie das von Reis. Reis verwendete galvanische Ströme (Batterieströme) zur Fortpflanzung der Töne, Bell Inductionsströme, welche dann dem Apparat die überraschende Wirkung gaben, dass jeder Laut nach Tonhöhe, Tonfülle und Klangfarbe deutlich vernehmbar war.

Die Priorität der Erfindung der Tonübertragung mittels der Electricität steht mithin unzweifelhaft Reis zu, — das Telephon ist eine deutsche Erfindung, welche nur in verbesserter Gestalt wieder nach Deutschland zurückkehrte.

Im Jahre 1877 wurde überall das von Bell construirte Telephon noch als ein unterhaltendes Spielzeug angesehen. Deutschland sollte berufen sein, die Erfindung in ihrer Heimath zuerst praktisch zu verwerthen. Der General-Postmeister, Herr Dr. Stephan, liess im October 1877 nach dem Bell'schen Muster mehrere Telephone anfertigen und erkannte gleich nach den ersten Versuchen die Tragweite der Erfindung. Durchdrungen von der Wichtigkeit derselben, erstattete der Chef der Reichspost und Telegraphen-Verwaltung unterm 9. November 1877 einen ausführlichen Bericht an Se. Durchlaucht, den Fürsten Reichskanzler.

Der Inhalt dieses Berichtes ist um so bedeutsamer, als daraus hervorgeht, wie der Deutsche General-Postmeister von vornherein in vollem Umfange die weittragende Bedeutung des Telephons als Verkehrsmittel erkannt hat.

Der vom General-Postmeister eigenhändig verfasste, für die Geschichte des Deutschen Verkehrswesens bedeutsame Bericht lautet folgendermassen:

Berlin, 9. November 1877.

„Ew. Durchlaucht ist bekannt, dass die Bewegung von Stahl oder Eisen im Bereich der Pole eines Magneten in einer diese Pole umgebenden Drahtrolle einen elektrischen Strom — Inductionsstrom — erzeugt, dessen Dauer mit der Dauer der Bewegung jenes Eisens oder Stahls zusammen-

hängt. Spricht man gegen eine Stahlplatte oder Eisenplatte, die so dünn ist, dass die menschliche Stimme sie
in Schwingungen versetzt, und ist ein Magnet, von Drahtrollen umgeben, in der Nähe, so werden in diesen Rollen
elektrische Schwingungen erzeugt, welche den von der
Stimme hervorgerufenen Tonwellen genau entsprechen.
Die Drahtrollen stehen mit der gewöhnlichen Telegraphenleitung in Verbindung, und die in ihnen entstehenden
Stromwellen pflanzen sich durch diese Leitung bis zur
Ankunftsstation fort. Auf dieser ist ein gleiches Instrument
vorhanden, an dessen dünnem Eisenplättchen die elektrischen Stromwellen sich wiederum in Luftschwingungen,
also in Töne für den Hörenden, verwandeln. Es ist ein
bekannter Satz der Schall-Lehre, dass, wenn es möglich
ist, an einem Orte eine vollkommen gleiche Aufeinander-
folge von Schwingungen hervorzubringen, wie die, welche
an einem anderen Orte erzeugt sind, an beiden Orten die
gleichen Töne gehört werden.

Auf den vorstehenden Sätzen beruht die Theorie des
Telephons. Es ist jetzt etwa ein Jahrhundert her, dass
man an der Umkehrung der Magnetpole auf den Schiffs-
compassen durch einen vorüberfahrenden Blitz auf den
Gedanken eines nahen Zusammenhanges ¸der Elektricität
und des Magnetismus gebracht wurde; achtundfünfzig Jahre
sind vergangen, seit Oerstedt die Haupt-Erscheinungen
des Elektromagnetismus feststellte (1819), während Am-
père drei Jahre später den Magnetismus überhaupt auf
die Wirkung elektrischer Schwingungen zurückführte un d
gegenwärtig haben diese Forschungs - Ergeb-
nisse im Verein mit den schon länger bekannten
Lehrsätzen der Akustik zu der Erfindung des
Telephons geführt, welcher nach meiner Ueber-

zeugung noch eine grosse Zukunft im Bereich des menschlichen Verkehrs bevorsteht.

So viel bis jetzt bekannt, hat zuerst Philipp Reis, ein Lehrer zu Frankfurt a. M. im Jahre 1861 ein Telephon construirt, durch welches musikalische Töne fortgepflanzt wurden. Dann bemächtigten sich die Amerikaner dieses Gedankens, und die Herren Bell, Edison und Gray construirten verschiedene Telephone zur Vermittelung des menschlichen Sprechens. Am praktischsten von diesen ist mir bisher das Bell'sche erschienen, nach dessen Muster ich eine Anzahl bei Siemens und Halske hierselbst habe anfertigen lassen. In der letzten Woche des October begannen hier die Versuche, zuerst zwischen meinem Central-büreau in der Leipziger Strasse und dem General-Telegraphen-amt in der Französischen Strasse. Da dieselben durch-aus befriedigend ausfielen, so wurde ein Beamter mit dem Instrument zunächst zum Postamt in Schöneberg gesendet, und da auch mit Schöneberg sofortige und vollkommene mündliche Verständigung sich ergab, so erfolgte noch an demselben Tage die Entsendung nach Potsdam. Auch mit Potsdam war die Verständigung eine vollkommene, Männer, Frauen, Kinder, welche wir sprechen liessen, ver-standen sofort und beantworteten die gegenseitigen Fragen; gesungene Lieder, gespielte Instrumente wurden deutlich vernommen, und Bekannte und Verwandte erkannten sich an dem individuellen Charakter der Stimme.

Am nächsten Tage wurden Beamte und Instrumente nach Brandenburg a. d. Havel entsendet; auch mit diesem Ort (61,3 Kilom.) war die Verständigung von Berlin noch möglich, obwohl die Stimme etwas forcirt werden musste. Der Versuch mit Magdeburg am folgenden Tage ergab noch Töne, aber keine Laute mehr, folglich keine Verständigung.

Dies beweist indess nicht, dass die Verwendung der Erfindung für weitere Entfernungen ausgeschlossen sei, da dieselbe noch in der Kindheit liegt, und man jedenfalls sehr bald potentere Instrumente wird herstellen können. Das jetzige gleicht an Form und Grösse etwa einem mittelgrossen Fliegenschwamm: an dem Stiel fasst man an, und spricht da, wo die rothe Fläche ist; und ebendaselbst hört man auch: es ist kaum etwas Einfacheres zu denken.

Wir haben sofort die praktische Verwendung ausgeführt: seit einigen Tagen ist zwischen dem General-Telegraphenamtsdirector und mir ein Telephon in dienstlichem Gebrauch; wir verkehren mittels desselben mündlich unmittelbar von der Leipziger bis zur Französischen Strasse auf einer 2 Kilometer langen Drahtleitung, machen unsere Rücksprachen auf diese Weise ab, und ersparen Akten, Secretaire und Kanzleidiener.

Weiter ist es die Absicht, Telephone auf allen denjenigen Postorten aufzustellen, an welchen noch keine Telegraphen-Anstalten sich befinden, um von dort die aufgegebenen Depeschen an die nächste Telegraphenstation hinüberrufen zu lassen, während bisher stets ein Bote geschickt werden musste. Wenn diese Massregel, welche schon in den nächsten Tagen um Berlin und um Potsdam ins Werk gesetzt werden soll, gelingt: dann würden wir, da die Kosten sehr gering sind, die Zahl der Reichs-Telegraphenämter ganz erheblich vermehren können.

Bei dem Interesse, welches diese Erfindung für das

Verkehrswesen des Reiches darbietet, möchte es Ew. Durchlaucht vielleicht genehm sein, mir zu gestatten, einen Beamten mit dem Instrument nach Varzin zu entsenden, um in Ew. Durchlaucht Gegenwart Proben der Leistungsfähigkeit desselben abzulegen.

In diesem Falle sehe ich einer hochgeneigten, vielleicht telegraphischen Weisung Ew. Durchlaucht gehorsamst entgegen."

(gez.) Stephan.

An
Seine Durchlaucht den Fürsten Reichskanzler
   in Varzin.

Die Versuche, welche mit dem .Fernsprecher demnächst in Gegenwart des Herrn Fürsten Reichskanzlers in Varzin Statt gefunden haben, sind zur vollen Zufriedenheit Seiner Durchlaucht ausgefallen. —

Wenige Jahre haben genügt, um die Voraussagungen des Berichtes glänzend zu bewahrheiten, und in wenigen Jahren hat der Verfasser des Berichtes, der hiernach unzweifelhaft die neue Erfindung **zuerst** in den Verkehr eingeführt hat, dieselbe in Deutschland zu grosser Entwickelung gebracht.

Zunächst geschah dies durch Hereinziehung der kleinen Orte in das grosse Telegraphennetz des Reiches. In etwa 3 Jahren wurden fast 1000 Fernsprechämter eingerichtet und damit kleinen Orten ein wohlthätiges Verkehrsmittel geboten, die sonst der hohen Kosten wegen einen telegraphischen Anschluss nicht sobald hätten erhalten können. Gegenwärtig ist die Zahl der Fernsprechämter bereits auf 1300 gestiegen.

Das Telephon, welches seit der praktischen Einführung den Namen „Fernsprecher" erhielt, wurde sehr bald in seiner Construction durch Siemens wesentlich verbessert und dadurch der Gebrauch erleichtert und befördert. —

Während der Fernsprecher in Deutschland in der erwähnten Weise dem Verkehre ausgiebig diente, hatte man in Amerika die Idee ausgeführt, zwischen verschiedenen Geschäftshäusern Fernsprechverbindungen in der Weise herzustellen, dass sämmtliche von den einzelnen Häusern in eine Centralstelle — telephone exchange — einmündenden Leitungen hier nach Belieben miteinander verbunden werden konnten, um den Inhabern solcher Leitungen mittels des Fernsprechers die mündliche Unterhaltung zu ermöglichen. Die Bequemlichkeit, welche diese Einrichtung den mit der Centralstelle verbundenen Theilnehmern beim Abschluss von Geschäften, Einholung von Auskunft u. s. w. bot, liess die telephone exchanges (Fernsprechvermittelungsanlagen) in kurzer Zeit in Folge des in Amerika herrschenden Bestrebens, jedes praktische Mittel zur Abkürzung der zum Abschluss von Geschäften nothwendigen Zeit zu ergreifen, ausserordentlich an Ausdehnung gewinnen, sodass nicht allein Geschäftstreibende jeder Art mit ihren Läden, Lagern, Comtoren, Wohnungen, sondern auch Aerzte, Dienstmannsinstitute und Privatleute sich mit der Centralstelle in Verbindung bringen liessen.

Wie alle Telegraphen in Amerika, wurden auch diese neuen Einrichtungen von Gesellschaften hergestellt und betrieben.

Jeder Theilnehmer zahlte für die Benutzung der Leitung und der Apparate eine jährliche feste Miethe.

In Deutschland nahm die Reichsverwaltung, gestützt auf den Artikel 48 der Reichsverfassung, die Herstellung der Fernsprecheinrichtungen selbst in die Hand.

Der genannte Artikel bestimmt, dass das gesammte Telegraphenwesen als einheitliche Staatsverkehrs-Anstalt eingerichtet und verwaltet werden soll.

Es kann nicht zweifelhaft sein, dass die Uebermittelung

von Nachrichten mittels des Fernsprechers dem Telegraphenbetriebe gleich geachtet werden muss, und dass Fernsprechanlagen unter den Begriff „der Telegraphen" fallen, sonach Privatunternehmungen nicht zugelassen werden können.

Telegraphen-Anlagen dienen zur Uebermittelung von Nachrichten. Mittels eines Telegraphen, sei er optischer, akustischer oder electrischer Art, soll eine Nachricht an einem Orte aufgegeben, am anderen Orte aufgenommen werden. Für den Begriff „Telegraph" ist nur das Moment der Nachrichtenvermittelung durch Reproduction der Nachrichten massgebend; ob diese Reproduction z. B. auf electrischem Wege durch Zeiger- oder Drucktelegraphen oder durch electrische Tonübertragung Statt findet, kann an dem Wesen der Sache Nichts ändern.

Deshalb musste der Artikel 48 der Reichsverfassung auch auf Fernsprechanlagen Anwendung finden.

Dass die Reichs-Verwaltung die Ausbeutung des Fernsprechers durch Private verhindert hat, ist im Interesse des öffentlichen Verkehres von segensreichen Folgen.

Aktiengesellschaften würden die Fernsprechanlagen niemals in der soliden Weise angelegt haben, wie dies im Deutschen Reiche geschieht, und, was für die Interessenten das Wesentlichste ist, die Taxen sind vermöge der grossen Organisation der Post- und Telegraphen-Verwaltung wesentlich billiger, als die einer ausländischen Privatgesellschaft gegenwärtig gestellt werden können.

Der Dienst auf den Vermittelungsämtern wird prompt und sicher gehandhabt, was von den bestehenden Privatunternehmungen keineswegs gesagt werden kann.

Abgesehen von der Monopolfrage, würde auch das Vorhandensein von Privatfernsprechunternehmungen aus denselben Gründen nicht zulässig sein, aus welchen die Verwaltung der Telegraphen überhaupt Privatgesellschaften entzogen ist, weil es im Interesse des Gemeinwohles nur zweckmässig erscheint, wenn eine Verkehrsanstalt von so weittragender Bedeutung wie die Telegraphie, sich in ruhigen sowohl, wie in bewegten und kriegerischen Zeiten in der Hand des Staates befindet.

Die Reichs-Post- und Telegraphen-Verwaltung hat daher in richtiger Erkenntniss der Verkehrsinteressen die Befriedigung des Bedürfnisses da, wo es bisher aufgetreten ist, selbst in die Hand genommen. (Zu bemerken ist übrigens noch, dass in England durch ein gerichtliches Erkenntniss die Fernsprechanlagen den Telegraphen-Anlagen gleichgestellt sind, und damit auch dort die Deckung beider Begriffe unzweideutig ausgesprochen worden ist. Ebenso in Belgien.)

Wenngleich aber die Reichs-Post- und Telegraphen-Verwaltung es sich von vornherein sehr angelegen sein liess, durch geeignete Anregungen in grösseren Städten die Herstellung von Fernsprecheinrichtungen zu ermöglichen, so währte es doch eine geraume Zeit, bis solche Einrichtungen durch eine genügende Zahl von Anmeldungen gesichert erschienen. Erst nachdem die grösseren Geschäftstreibenden das Zweckmässige des in andern Ländern (Belgien, Frankreich) bereits bestehenden neuen Verkehrsmittels besser erkannten, gelang es, derartige Einrichtungen in Mülhausen im Elsass, in Berlin und Hamburg ins Leben zu rufen. Hiernach folgte eine Zahl anderer Städte, deren Einrichtungen gegenwärtig theilweise noch im Bau begriffen sind.

Erstes Kapitel

Grundsätze, welche für die Herstellung von Fernsprecheinrichtungen massgebend sind.

a) Allgemeines.

Die Beantwortung der Frage, ob in einer Stadt eine Fernsprecheinrichtung hergestellt werden soll, hängt zunächst von der Anzahl derjenigen Personen ab, welche mittels der einzurichtenden Centralstelle (Vermittelungsanstalt) untereinander in Verkehr zu treten beabsichtigen. Für eine verhältnissmässig geringe Zahl von Theilnehmern ist einerseits kein besonderer Nutzen von der Anlage zu erwarten, andererseits sind die Kosten, welche der Verwaltung durch den Bau der Leitungen, durch die Einrichtung der Fernsprechstellen und des Vermittelungsamtes erwachsen, sowie die laufenden Unterhaltungskosten der Einrichtung zu erheblich. Von vornherein lässt sich sonach eine bestimmte Norm, welche Zahl von Theilnehmern ausreichend erscheint, nicht angeben, vielmehr wird in jedem einzelnen Falle eine sorgfältige Erwägung darüber Statt finden müssen, ob die Verkehrsverhältnisse der betreffenden Stadt derartig sind, dass eine nach und nach fortschreitende Entwickelung des Unternehmens mit Wahrscheinlichkeit zu erwarten steht.

Erscheint die räumliche Ausdehnung der Stadt im Zusammenhang mit dem herrschenden Geschäftsverkehr der Anlage günstig, und hat sich eine Anzahl Theilnehmer gefunden, so ist mit ziemlicher Gewissheit anzunehmen, dass sich nach Herstellung der Anlage allmälig in Folge der Geschäfts-concurrenz, der in die Augen springenden Bequemlichkeit der Einrichtung, auf das Drängen von Geschäftsfreunden sehr bald die Zahl der Theilnehmer vergrössern wird.

Unter Berücksichtigung der für jede Stadt in Frage kommenden besonderen Verhältnisse entscheidet das Reichs-Postamt über die Ausführung der Einrichtung.

b) Art des Anschlusses.

Die allgemeine Fernsprecheinrichtung soll jedem Theilnehmer ermöglichen, seine Leitung während gewisser, vom Reichs - Postamt festzustellender Dienststunden (gewöhnlich von Morgens 7 Uhr im Sommer, 8 Uhr im Winter bis Abends 11 Uhr) mit der Leitung jedes andern Theilnehmers durch die Centralstelle (Vermittelungsanstalt) verbinden zu lassen und mittels des Fernsprechers sich zu unterhalten, auch der Vermittelungsanstalt Nachrichten (Briefe, Postkarten, Telegramme) zu dictiren.

Diese Nachrichten sollen je nach Angabe des Aufgebers mittels der Post, durch Eilboten oder auf telegraphischem Wege an den Empfänger innerhalb der Stadt oder in einem andern Orte gegen bestimmte Gebühren, wovon weiter die Rede sein wird, befördert werden.

Zu diesem Zweck wird Seitens der Reichs-Post und Telegraphen-Verwaltung für jeden Theilnehmer eine besondere Telegraphenleitung hergestellt, welche die von ihm gewünschte Stelle mit dem Vermittelungsamt verbindet.

Die Kosten für die Herstellung der Leitung, Unterhaltung derselben, für Anschaffung und Unterhaltung der Apparate und Batterien trägt die Reichs-Post und Telegraphen-Verwaltung, in deren Eigenthum sämmtliche Einrichtungen verbleiben.

Der Theilnehmer kann auf seinen Wunsch in dieselbe Leitung eine **zweite** Stelle, sog. Zwischenstelle, eingeschaltet erhalten, jedoch nur unter der Bedingung, dass die Zwischenstelle nicht wesentlich von der durch das Vermittelungsamt und die Endstelle gelegten geraden Linie abweichend belegen ist.

Diese Bestimmung ist auch dahin aufzufassen, dass die zweite Stelle (Zwischenstelle) nicht etwa so liegt, dass die Vermittelungs-Anstalt sich **zwischen** den beiden Stellen in einer geraden Linie befindet. Der Grund der Bestimmung ist der, dass bei sehr abweichender Lage der Zwischenstelle (auch bei entgegengesetzter) zur Herstellung der Leitung Schleifleitungen erforderlich werden, was aus technischen und Betriebsrücksichten sich als unzweckmässig erwiesen hat.

Aus denselben Gründen ist es nicht gestattet, **mehr als eine** Zwischenstelle in die Leitung einzuschalten.

Die Aufstellung eines besondern Weckers oder eines zweiten, dritten Apparates in ein und demselben Hause oder auf einem und demselben Grundstücke ist gestattet. Ausnahmsweise darf auch eine zwei Stellen verbindende **directe** Fernsprechleitung für einen Theilnehmer hergestellt werden, so dass in einer solchen Leitung ohne Mitwirkung des Vermittelungsamtes zwischen den beiden Sprechstellen correspondirt werden kann. Derartige directe Leitungen werden jedoch nur für einen Theilnehmer hergestellt, welcher wenigstens **einen** der Räume oder eines der Grundstücke, in denen die directe Leitung mündet, mittels einer besonderen Leitung an das Vermittelungs-Amt anschliessen lässt.

c) Berechnung der zu zahlenden Gebühren.
Jahresvergütungen.

Die Vergütung für den Gebrauch der Leitung und der Apparate kommt nach der Entfernung der Fernsprechstelle vom Vermittelungs-Amt, welche nach der Luftlinie bemessen wird, zur Berechnung.

Es werden als Jahresmiethe bei vierteljährlicher Vorausbezahlung (Termine 1. Januar, 1. April, 1. Juli, 1. October) erhoben:

1. für eine Leitung mit einer Sprechstelle bis zu 2 km Entfernung vom Vermittelungsamt . . . . 200 M.
2. für jeden Kilometer mehr oder einen Theil desselben . . . . 50 „
3. für eine zweite Stelle in derselben Leitung 100 „

   Hierbei wird jedoch die Länge der Leitung so bemessen, dass die Entfernungen der ersten und zweiten Stelle vom Vermittelungs-Amt jede für sich berechnet, zusammengezählt und auf volle Kilometer abgerundet werden.
4. für die Aufstellung jedes weiteren Apparates in denselben Räumen oder auf demselben Grundstück jährlich 20 M.
5. für eine Weckvorrichtung gewöhnlicher Art, sofern die Aufstellung ebenfalls in denselben Räumen oder auf demselben Grundstücke erfolgt, jährlich 10 M.

   Sollen besondere oder grössere Weckvorrichtungen aufgestellt werden, so sind ausserdem die Selbstkosten derselben sowie die Unterhaltungskosten zu erstatten.
6. für eine directe Leitung bis zu 2 km Länge jährlich 120 M., für jeden weiteren Kilometer 50 M. mehr.

Die Bedingungen in Betreff der Aufstellung von Weckern und weiteren Apparaten sowie der Einrichtung einer Zwischenstelle sind dieselben wie die unter 3., 4. und 5. vorstehend angegebenen.

Die Reichs-Post- und Telegraphen-Verwaltung behält sich ausserdem vor, falls etwa Entschädigungen für die Benutzung von Grundstücken zur Anbringung der Stützpunkte zu zahlen sein sollten, die Selbstkosten von den Theilnehmern wieder einzuziehen.

Wenn die Eröffnung einer Sprechstelle inmitten eines Vierteljahres Statt findet, so wird die Vergütung für das erste Vierteljahr nach Massgabe der Zeitdauer bis zum Schlusse des Vierteljahres erhoben.

Gebühren für Aufnahme und Weiterbeförderung von Nachrichten.

Eine Nachricht, welche vom Vermittelungs-Amt aufgenommen wird, ist als ein Telegramm zu betrachten.

Die Gebühren dafür betragen: Die Grundtaxe 10 Pf., ohne Rücksicht auf die Wortzahl, die Worttaxe 1 Pf. für jedes Wort. Für die Ablieferung an die zugehörige Post- oder Telegraphen-Anstalt wird Nichts berechnet.

Dagegen kommen für die Weiterbeförderung mittels der Post, durch Eilboten oder durch den Telegraphen die tarifmässigen Gebühren, welche am Schlusse eines jeden Monats zu zahlen sind, zur Berechnung.

d) Besondere Bestimmungen.

Der Reichs-Post und Telegraphen-Verwaltung steht das Recht zu, bei nicht pünktlicher Zahlung oder bei nachgewiesener missbräuchlicher Benutzung der Einrichtung die Stelle sofort aufzuheben. Die bereits gezahlten Beträge werden nicht zurückerstattet. Hierbei muss besonders hervorgehoben werden, dass eine Fernsprechstelle dem Inhaber zur alleinigen Benutzung übergeben wird, d. h. er darf die Stelle wohl durch seine Hausgenossen, Angestellte etc. in seinem Interesse und Dienste benutzen lassen, darf sie aber nicht gegen Entgelt vermiethen.

Eine eintretende Unterbrechung der Fernsprechverbindung begründet nur dann einen Anspruch auf Rückerstattung der fortlaufenden Gebühren, wenn die Unterbrechung der Leitung mindestens 4 Wochen ununterbrochen gedauert hat.

Eine Verlegung der Fernsprechstelle nach einem anderen Grundstücke, etwa in Folge Wohnungswechsels, kann gegen Erstattung der Selbstkosten, wobei indess verwendete Materialien nicht, sondern nur Arbeitslöhne zur Berechnung gelangen, erfolgen. Bei einer grösseren als der ursprünglichen Entfernung der verlegten Fernsprechstelle von der Vermittelungsanstalt findet nach den vorhin erwähnten Grundsätzen eine neue Berechnung der zu zahlenden Jahresvergütungen Statt.

e) Vertragsverhältniss mit den Inhabern der Sprechstellen.

Mit jedem Theilnehmer wird ein Vertrag Seitens der betreffenden Ober-Postdirection abgeschlossen. Bei kürzeren Leitungen wird die Vertragsdauer auf zwei Jahre, bei längeren Leitungen auf vier Jahre festgesetzt mit der Massgabe, dass der nur mit einem Vierteljahrsschluss zu Ende laufende Vertrag sich um ein Jahr und später von Jahr zu Jahr verlängert, wenn von keiner Seite drei Monate vor Ablauf des Vertrages eine Kündigung erfolgt.

ZWEITES KAPITEL.

Der Bau der Fernsprechlinien.

———

1. Entwurf des Liniensystems.

Es muss als eine für die Entwickelung einer Fernsprecheinrichtung sehr wesentliche Bedingung bezeichnet werden, dass von vornherein die systematische Anlegung der verschiedenen Linien sicher gestellt wird, um auch bei späterer erheblicher Ausdehnung der Einrichtung auf den einmal geschaffenen, reichlich bemessenen Grundlagen ohne Schwierigkeiten leicht und sicher fortbauen zu können.

Von ganz weittragender Bedeutung ist dies für grosse Städte, in welchen die Anlage einen Umfang annehmen kann, dass ein Fehler im System der Linien später nur mit ganz unverhältnissmässigen Kosten wieder zu beseitigen ist. Der Plan des Liniensystems muss daher sehr sorgfältig erwogen werden.

Als Hauptbedingungen hierbei können folgende gelten:

1. Die Linien müssen radienartig von der Centralstelle aus unter Berücksichtigung der örtlichen und Verkehrsverhältnisse so gebaut und geführt werden, dass nicht allein leichte Anschlüsse an die betreffenden Häuser hergestellt werden können, sondern dass auch die Möglichkeit vorliegt, ihre Belastung ohne grosse Umstände erheblich zu vermehren. Aus diesem Grunde sind Hauptlinien mit Gestängen aus einem Stützpunkt nicht sehr zu empfehlen, weil eine Vermehrung der Leitungen ohne Schwierigkeiten bezw. ohne Gefährdung der Stützpunkte nicht gut möglich ist. Hauptlinien werden am besten aus Doppelgestängen hergestellt.

2. Die Linien müssen so projektirt werden, dass Kreuzungen derselben unter allen Umständen vermieden werden
können, da Kreuzungen beim Reissen von Leitungen für den
Betrieb gefährlich sind und der Instandsetzung grosse
Schwierigkeiten bereiten.

3. Von den Linien aus müssen sich ohne Schwierigkeiten
schwächer besetzte Nebenlinien abzweigen lassen und zwar
wiederum ohne Kreuzungen mit andern Nebenlinien.

4. Ist auf Einrichtung mehrerer Vermittelungsanstalten in
derselben Stadt überhaupt zu rücksichtigen, so muss für jedes
Vermittelungs-Amt ein bestimmter Rayon festgesetzt werden,
und innerhalb dieses Rayons die Tracirung nach den vor-
genannten Grundsätzen erfolgen.

Die sorgfältigste und eingehendste Durcharbeitung des
Planes für das Liniensystem kann nicht genug empfohlen
werden.

2. Auskundung der Linien und Bestimmung der Stützpunkte.

Nachdem der Plan des Liniensystems unter Beobachtung
der massgebenden Grundsätze festgestellt worden ist, kann
zur Auskundung der einzelnen Linien vorgeschritten werden.

Die Auskundung geschieht in der Weise, dass zunächst
auf Grund einer genauen Karte unter möglichster Festhaltung
der geraden Linie und unter Bestimmung der Intervalle, die
erforderlichen Häuser ausgewählt werden. Ist dies geschehen
so muss eine Besichtigung jedes gewählten und vom Eigen,
thümer zur Benutznng hergegebenen Hauses, von der Vermittelungs-Anstalt beginnend, Statt finden. Die Besichtigung hat vor Allem festzustellen, ob das Dach des Hauses
einen geeigneten Punkt darbietet, um die Leitungen ohne
Schwierigkeiten in dem vorwärts und rückwärts liegenden

Intervall herstellen zu können. Die genannte Möglichkeit muss durch genaue Höhenvisirungen vom Dache aus und eventuell unter Zuhülfenahme geeigneter Signale, welche auf den beiden zunächst liegenden gewählten Häusern aufzustellen sind, bestimmt aufgeklärt werden. Dann kommt in zweiter Reihe die Frage, ob das Dach oder das Mauerwerk des gewählten Hauses auch zur Aufnahme des Stützpunktes geeignet erscheint. Die Beantwortung dieser Frage hängt wieder wesentlich davon ab, welcher Art der aufzustellende Stützpunkt sein soll, ob derselbe einen Zug auf das Dach ausüben wird oder nicht, und in welcher Weise das Mauerwerk oder die Dachconstruction den anzustellenden Forderungen entspricht.

Die genaue Untersuchung der Dachconstruction ist bei schwer zu belastenden oder einem starken seitlichen Zuge ausgesetzten Stützpunkten von grosser Wichtigkeit, nicht allein deshalb, um etwa die Gefährdung des zu leicht gebauten Daches zu vermeiden, sondern auch um Kosten zu ersparen, welche in Folge der nothwendig werdenden umfangreichen Verstärkung des Dachstuhles oder durch Aufsetzung von Mauerwerk zuweilen entstehen, aber vielleicht wegfallen könnten, wenn ein etwas weiter oder in geringer Entfernung seitwärts belegenes Dach benutzt würde.

Da es sehr häufig vorkommt, dass Hauseigenthümer die Erlaubniss zur Anbringung von Stützpunkten entweder von vorn herein verweigern oder nachträglich zurückziehen, so wird auch in vielen Fällen aus solchen Gründen eine zuweilen wesentliche Verschiebung der Trace eintreten müssen, und man wird häufig genöthigt sein, in Folge der Verweigerung für einen oder zwei Stützpunkte, einen grossen Theil der Linie in eine veränderte Richtung umzulegen.

In dieser Weise werden die Stützpunkte einer Linie nach

der andern unter Berücksichtigung aller Verhältnisse fest
gelegt und darauf wird zu den Tracirungen der abzu-
zweigenden Linien geschritten. Auch diese müssen dann
zuweilen unter der Einwirkung der Veränderungen der Hauptlinien in ganz anderer Weise, als vorher angenommen, festgesetzt werden.

Bei der ganzen Arbeit spielt eine Hauptrolle die Ver-
handlung mit dem Hausbesitzer. Bei so neuen Einrichtungen,
wie die Fernsprechanlagen sind, macht es zuweilen grosse
Schwierigkeiten, die Erlaubniss zur Benutzung eines Daches
zu erlangen. Nicht allein die Besorgniss, sein Haus zu
schädigen, macht manchen Hausbesitzer misstrauisch, sondern
auch die in Deutschland so sehr verbreiteten irrigen Ansichten
von der Anziehung des Blitzes durch Telegraphenleitungen.

In dieser Beziehung wirken geeignete Aufschlüsse über
die Eigenschaften der Blitzableiter und die Gefahrlosigkeit
der Telegraphenleitungen nicht allein, sondern es ist auch
zu empfehlen, dem Hausbesitzer die Einrichtung des Stützpunktes als Blitzableiter in Aussicht zu stellen.

Durch die Umwandlung eines Stützpunktes in einen Blitzableiter werden der Anlage die Schwierigkeiten ganz ausserordentlich geebnet und alle Beunruhigungen hinfällig.

Welcher Art diese Beunruhigungen sind, und wie sie
künstlich erregt werden, geht daraus hervor, dass seiner Zeit
ein Blitzableiterfabrikant in einem recht wissenschaftlich
anlassenden Artikel einer Fachzeitung die Blitzgefährlichkeit
der Fernsprechanlagen, — in welchem Interesse, lässt sich
denken — nachzuweisen versuchte, und dadurch manche
Schwierigkeiten hervorgerufen hat.

Von grossem Nutzen für die Anlage ist es, wenn schon
vor Auskundung der Linien durch Verhandlungen mit den
sämmtlichen Behörden die Benutzung aller öffentlichen Ge-

bäude sicher gestellt wird. Ebenso ist es zweckmässig, in dieser Weise vorher mit Privatgesellschaften, welche mehrere Gebäude besitzen, z. B. mit Baugesellschaften, sich ins Einvernehmen zu setzen.

Die von Behörden und Gesellschaften gegebenen Bewilligungen zur Benutzung ihrer Häuser ebnen den Weg für Hergabe anderer Grundstücke.

Die der Anlage sich anschliessenden Theilnehmer sind selbstverständlich in erster Linie um Erlaubniss zur Benutzung ihrer Häuser und Grundstücke anzugehen und bilden ein wesentliches Glied in der Reihe der einzuholenden Bewilligungen.

Bei geeigneter Leitung der Verhandlungen finden sich stets Hauseigenthümer, welche in richtiger Würdigung des Verkehres die Benutzung ihrer Häuser gern gestatten. Dieses Entgegenkommen wird sich um so mehr Bahn brechen, als die Verwaltung jeden am Hause angerichteten Schaden mit der grössten Bereitwilligkeit ersetzt. Dem Hauseigenthümer wird überhaupt Seitens der Ober-Postdirection ein Revers ausgestellt, wonach die Post-Verwaltung sich nicht allein zum Ersatze jeglichen in Folge Aufstellung des Stützpunktes verursachten Schadens, sondern sich auch zur Entfernung des Stützpunktes sechs Wochen nach erfolgter Zurückziehung der Erlaubniss verpflichtet. Der Hauseigenthümer dagegen stellt der Ober-Postdirection eine Bescheinigung aus, wonach er sich mit der Aufstellung des Stützpunktes einverstanden erklärt unter der Bedingung, eine sechswöchentliche bzw. besonders verabredete Kündigung der Wegnahme vorhergehen zu lassen.

Zuweilen verlangen Grundeigenthümer sogar einen Revers für die Erlaubniss, die Luftsäule über ihrem Grundstück mit den Leitungen zu durchschneiden oder verweigern diese Erlaubniss geradezu.

Beide Fälle gehören jedoch glücklicherweise zu den Ausnahmen. Zu wünschen wäre freilich, dass die Verwaltung in der gesetzlich geschützten Lage sich befände, wenigstens in einer gewissen Höhe die Luftsäule durchschneiden zu dürfen. Prinzipiell stände einer derartigen gesetzlichen Bestimmung ein Hinderniss wohl nicht im Wege.

Ebenso gut wie die Baupolizei bestimmt, dass Keiner in einer Stadt über eine gewisse Höhe hinaus bauen darf, könnte ein Gesetz bestimmen, dass über diese Höhe hinaus der Legung einer Telegraphenleitung keine Schwierigkeiten bereitet werden dürfen, da der Raum über der baupolizeilich festgesetzten Höhe vom Eigenthümer doch nicht benutzt werden darf. In noch anderer Weise, wie die Benutzung der Bauhöhe beschränkt ist, wird ja auch nach dem Bergrecht die Benutzung des Raumes unterhalb der Erdoberfläche geregelt, sodass ein Grundstücksbesitzer sehr wohl Andern gegenüber, welche ein Muthungsrecht erworben haben, an der unbeschränkten Benutzung der Erdsäule unterhalb seines Grundstückes gehindert werden kann.

Es wäre jedenfalls zu wünschen, dass mit der Ausbreitung des neuen Verkehrsmittels in der gedachten Beziehung auch eine gewisse gesetzliche Basis für die Existenz desselben geschaffen, und das Bestehen von Fernsprechlinien nicht so sehr von Zufälligkeiten und gutem Willen abhängig gemacht werden könnte.

3. Das Baumaterial.

a) Der Leitungsdraht.

Zu den Fernsprechanlagen wird verzinkter Gussstahldraht von 2,2 mm Durchmesser verwendet. Derselbe eignet sich wegen seiner durch den geringen Durchmesser bedingten

Handlichkeit, sowie in Folge seiner absoluten Festigkeit sehr gut zum Ziehen von Leitungen in grosser Höhe und unter schwierigen örtlichen Verhältnissen, lässt sich auch selbst in grossen Intervallen sehr leicht reguliren.

Trotz des geringen Durchmessers des Drahtes braucht man grosse Intervalle nicht zu scheuen, man kann sogar bis auf 400 m gehen, ohne dass ein Reissen des Drahtes zu befürchten wäre. In Hamburg trat z. B. die Nothwendigkeit hervor, ein Intervall von 300 m mit einer Linie von 42 Leitungen zu überspringen. Dies gelang nicht allein sehr gut, sondern es hielt sich auch der Draht ganz vorzüglich trotz heftiger Stürme, ohne dass Störungen eintraten.

1000 m des Gussstahldrahtes wiegen etwa 30 Kilo. Geliefert wird der Draht von der bekannten Fabrik Felten und Guilleaume in Mühlheim am Rhein.

b) Isolatoren.

Besondere Isolatoren (Doppelglocken) werden zur Herstellung der Linien nicht verwendet; es werden die in der Reichs-Post- und Telegraphen-Verwaltung vorgeschriebenen gewöhnlichen Porzellandoppelglocken grosser bzw. kleiner Form benutzt.

c) Das Gestänge.

Zur Herstellung der Gestänge werden schmiedeeiserne cylindrische Rohre von 0,5 cm Wandstärke und einem Durchmesser von 6,7 bzw. 7,5 cm verwendet.

Zwei Rohre werden zusammengesetzt, um die erforderliche Höhe über dem Dache zu erhalten. Man nimmt dann das untere an dem Dachgebälk oder an der Mauer zu befestigende Rohr je nach Bedarf 2 bis 4 Meter lang und setzt auf dieses ein kürzeres Rohr von 1,6 m Länge auf. Zu diesem Zwecke sind die Rohre an den Enden mit Schraubengewinden versehen.

Zwei zusammengesetzte Rohre greifen 10 cm weit ineinander. Die Verbindungsstelle zweier so zusammengeschraubter Rohre ist sorgfältig mit Mennige zu dichten, damit das Einlaufen von Wasser verhindert wird.

Die stärkeren Rohre sind an demjenigen Ende, mit welchem sie auf den Dorn (siehe Seite 34) eingesetzt werden, mit einem Schlitz versehen.

Man verwendet je nach Bedarf für die einzelnen Linien Gestänge aus einem bis vier Rohrständern.

In den Figuren 1 und 2 sind Gestänge aus einem Rohrständer und aus zwei Rohrständern bestehend dargestellt.

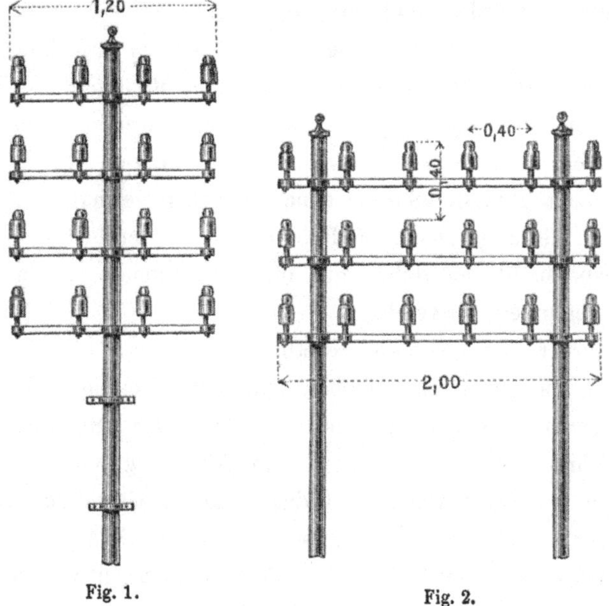

Fig. 1.

Fig. 2.

Das erstere Gestänge ermöglicht die Anbringung von 16—20 Leitungen, das zweite die Anbringung von höchstens

30 Leitungen, da die Einrichtung so getroffen ist, dass ausser den vier am Gestänge befindlichen Trägern mit Isolationsvorrichtungen noch ein fünfter Träger angebracht werden kann.

Der Abstand zwischen je zwei Doppelglocken in horizontaler und vertikaler Richtung beträgt 40 cm, die Weite zwischen den beiden Stangen von Axe zu Axe 1,60 m, die ganze Breite des Gestänges aus zwei Stangen etwa 2 m.

In ähnlicher Weise kann man die dritte und vierte eiserne Stange hinzufügen und somit Gestänge erhalten, welche bis zu 70 Leitungen aufzunehmen im Stande sind. Mehr als vier Rohrständer zu einem Gestänge zu verbinden, ist der bedeutenden Ausdehnung halber, die ein solches Gestänge einnehmen würde, nicht gut angängig.

Für die Hauptlinien der Anlage ist es zweckmässig, Gestänge aus mindestens zwei eisernen Rohrständern herzustellen, weil ein solches Gestänge eine viel bedeutendere Standfestigkeit besitzt, als man den Gestängen, welche aus nur einem Rohrständer bestehen, zu geben vermag.

Die Gestänge aus einem Rohrständer werden bei grösseren Fernsprechanlagen daher nur für unbedeutende Linien und Abzweigungen verwendet.

Ausser den eisernen Gestängen wird man für einzelne Stellen auch hölzerne Doppelgestänge und einfache Masten verwenden müssen, um über freie Plätze die Leitungen hinwegführen zu können. Da bei dem Uebergang der Leitungen von dem letzten Dache auf das hölzerne Gestänge grosse Höhenunterschiede entstehen, so müssen, um diese wenigstens in etwas auszugleichen, diejenigen Gestänge, auf welche zunächst die Leitungen von den Häusern übergehen, aus ziemlich hohen Masten hergestellt werden.

Umsomehr wird diese Nothwendigkeit eintreten, wenn

stark belastete Linien in der genannten Weise angelegt werden sollen, oder wenn über öffentliche, mit hohen Bäumen besetzte Anlagen die Leitungen herübergeführt werden müssen.

Unter Umständen sind daher hölzerne Stangen bis zu einer Länge von 24 Meter zu verwenden.

Sind zwei Masten nebeneinander erforderlich, so können dieselben zu einem Doppelgestänge, welches je nach der Umgebung (städtische Anlagen) herzurichten ist, vereinigt werden. Eine Construction, wie solche z. B. in Hamburg in öffentlichen Anlagen zur Verwendung gelangte, stellt die Figur 4 dar.

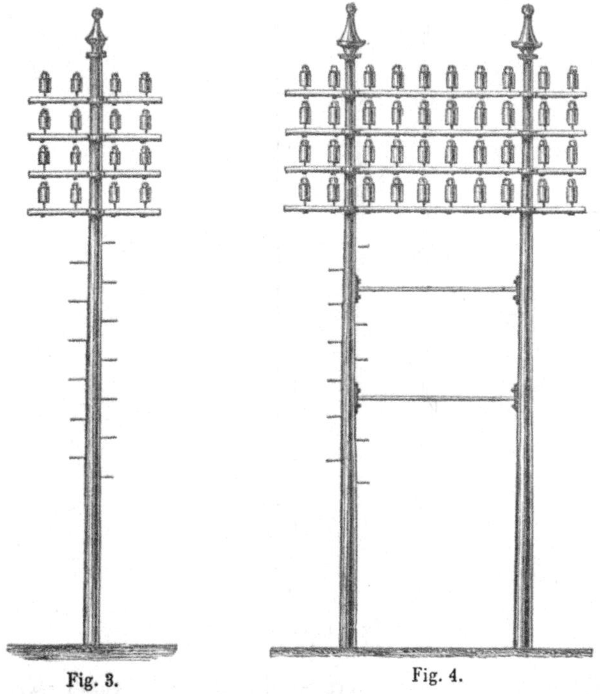

Fig. 3.

Fig. 4.

Hohe Masten werden zweckmässig mit eingeschraubten Steigeisen versehen. (Figur 3.)

d) Die Träger für die Isolationsvorrichtungen.

Die Träger für die Isolationsvorrichtungen, Figur 5, werden entweder aus Flacheisen, oder aus zwei zusammen-

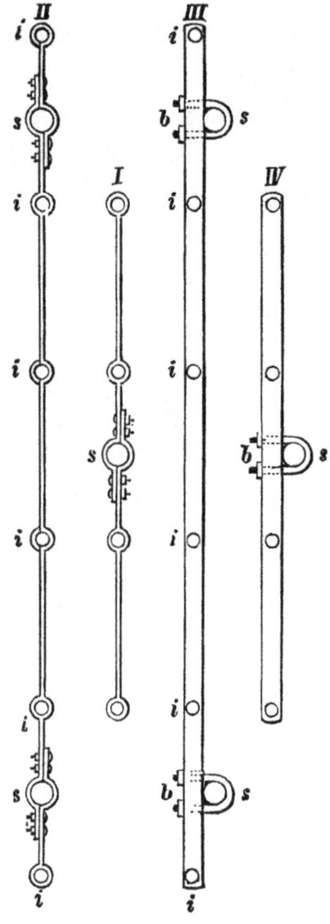

Fig. 5.

genieteten Winkeleisen hergestellt. In der Figur 5 stellt Nr. I einen solchen Träger aus Flacheisen für ein Gestänge aus einem Rohrständer, Nr. II einen Träger für ein Gestänge aus 2 Rohrständern dar. Die durch das Aneinanderfügen zweier passender, mit Halbrundung versehener Stücke mittels Bolzen und Schrauben gebildeten Oeffnungen $s\,s$ sind für die Rohrständer, die Oeffnungen i zum Einsetzen der geraden Stützen bestimmt. Die Flacheisen sind etwa 1 cm stark, 3 cm breit.

Die Nummern III und IV stellen Querträger aus doppeltem zusammengenietetem Winkeleisen dar. Im Querschnitt ist der Träger aus der Figur 6 (folgende Seite) ersichtlich, wo die beiden Winkeleisen w und w_1 mit dem Nietbolzen gezeichnet sind.

Die Rohrständer s werden mit diesen Trägern mittels der durchgesteckten Bügel b verbunden und durch die an den Enden der durchgreifenden Bügel aufgesetzten Schraubenmuttern angepresst.

In ähnlicher Weise werden die Querträger und Winkeleisen an hölzernen Masten befestigt.

Träger aus doppeltem Winkeleisen verwendet man zunächst an Abspannpunkten, also vorzugsweise auf dem Dache des Vermittelungs-Amtes, dann auch überall da, wo das Gestänge einem starken Zuge ausgesetzt ist, weil sich die Flacheisenträger eher durchbiegen. Hölzerne Doppelgestänge können ebenfalls mit solchen Trägern versehen werden.

In ähnlicher Weise wie der Träger I für 2 Rohrständer zusammengesetzt ist, wird derselbe für 3 oder 4 Rohrständer verlängert, dadurch, dass an die Endpunkte an Stelle der kurzen Ansätze ein entsprechend längeres Stück angebracht wird, welches seinerseits dann wieder am Ende mit einem kürzeren, zur Aufnahme der zu äusserst stehenden Isolationsvorrichtung und zur Aufnahme der letzten Stange bestimmten Stücke verbunden wird.

Die Träger aus doppeltem Winkeleisen nimmt man dagegen besser aus einem Stücke.

e) Die Stützen.

Die zur Verwendung gelangenden Stützen sind entweder
gerade Stützen, wie in der Figur 6 angegeben, und wie
solche in der Bauordnung vorgeschrieben sind, oder Stützen

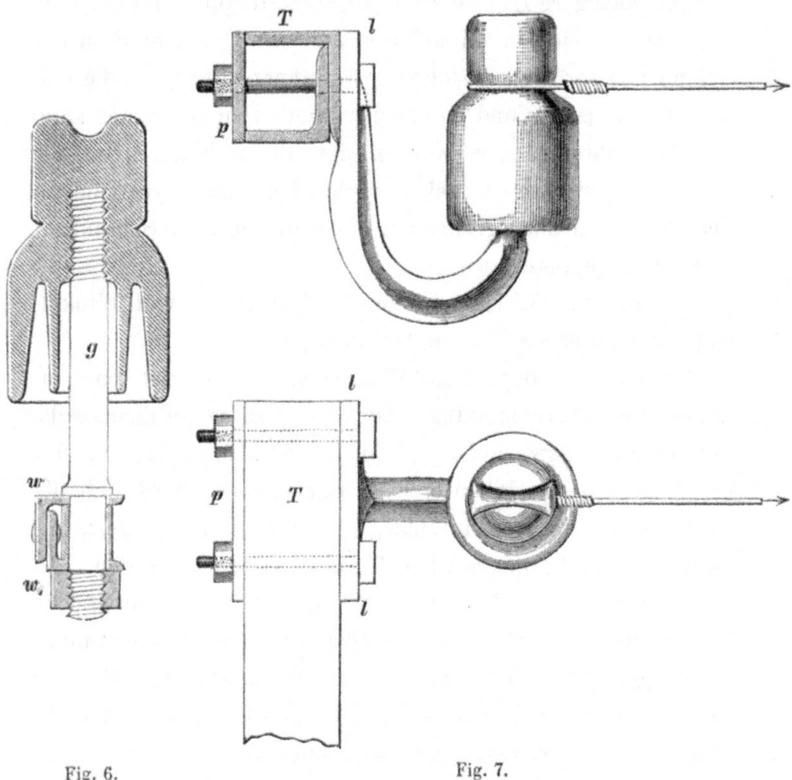

Fig. 6.　　　　　　　　　　Fig. 7.

mit einem zur Befestigung dienenden lappenförmigen Ansatz, wie solche in den Figuren 7 und 8 dargestellt sind.
Beide Arten der Stützen werden aus Schmiedeeisen hergestellt.

Bei den Stützen mit Lappen wird der Lappen mittels zwei Schraubenbolzen mit Muttern an den aus doppeltem Winkeleisen bestehenden Träger festgeschraubt.

Wird die Stütze mit dem Lappen an der geschlossenen Seite des durch die beiden Winkeleisen T gebildeten U-förmigen Raumes festgeschraubt, so ist auf die offene Seite eine Eisenplatte p (Figur 7) zu legen, durch welche der Bolzen hindurchgreift; wird dagegen die Stütze so angeschraubt, dass der Lappen l die offene Seite bedeckt, so ist die Platte nicht erforderlich, wie die Figur 8 zeigt.

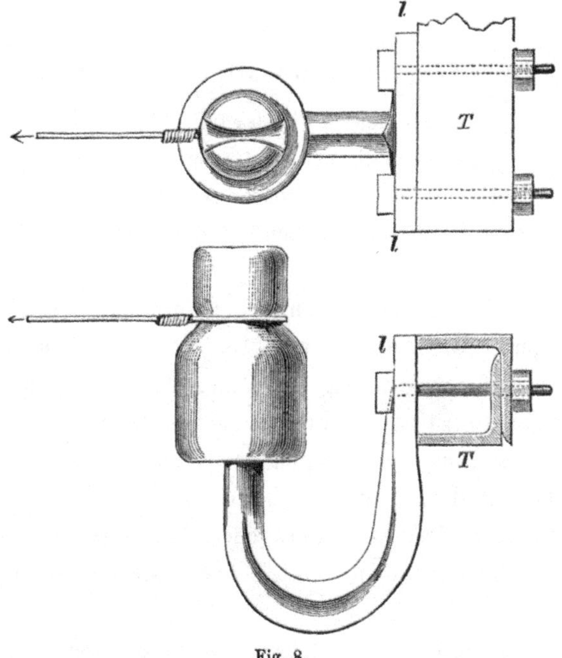

Fig. 8.

Zu bemerken ist noch, dass bei Befestigung der geraden Stütze in dem Träger aus doppelten Winkeleisen die Stütze durch einen genau in den U-förmigen Raum passenden Ring aus Eisen gesteckt wird, damit beim Festschrauben der Mutter das Winkeleisen sich nicht zusammenbiegt. (Siehe Figur 6).

4. Die Aufstellung der eisernen Gestänge und die Herstellung der Leitungen.

Nachdem unter Zugrundelegung der Auskundung der Kostenanschlag über die Anlage aufgestellt und vom Reichs-Postamt genehmigt worden ist, erfolgt die Inangriffnahme der Arbeiten und zwar zunächst die Aufstellung der Gestänge*).

a) Die Aufstellung und Befestigung der Gestänge.

Die Gestänge können entweder direkt am Mauerwerk oder aber am Dachgebälk befestigt werden.

Die Befestigung am Mauerwerk geschieht ganz in derselben Weise, wie die nachstehend beschriebene Befestigung am Balkenwerk.

Die Befestigung am Balkenwerk ist jedoch, wenn auch kostspieliger, vorzuziehen, weil bei der Befestigung am Mauerwerk erfahrungsmässig das Tönen der Leitung oftmals weit heftiger auftritt und schwerer zu beseitigen ist.

Zur Befestigung der Stangen dient eine Unterlegeplatte *aa*, welche mittels zweier Mauerbolzen an den mit *s* bezeichneten Stellen an dem Mauerwerk oder, falls die Befestigung an einem Balken geschieht, mittels zweier starken Schrauben

---

*) Anmerkung. Bei Aufstellung des Kostenanschlages sind die Vorschriften der Bauordnung zu beachten. Die Einzelheiten der Veranschlagung unterliegen der wechselnden örtlichen Verhältnisse wegen solchen Aenderungen, dass sich allgemein gültige Sätze nicht angeben lassen.

oder durchgehenden Bolzen mit Muttern am Holz befestigt wird.

Auf diese Platte, durch welche von der Rückseite 4 mit Schraubengewinde versehene Bolzen $p\,p\,p\,p$ durchgesteckt sind,

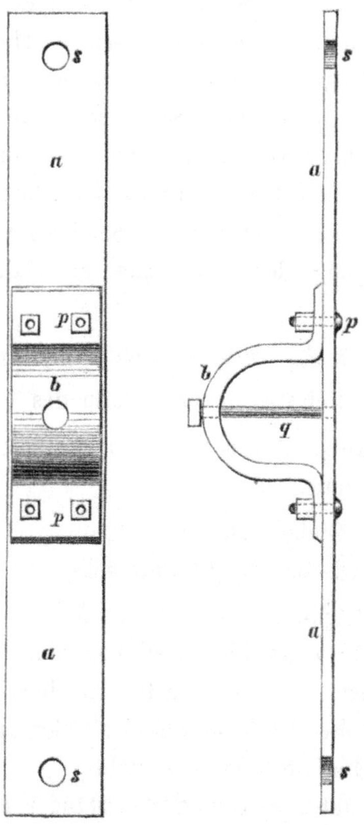

Fig. 9.

wird der breite Bügel b, innerhalb dessen Ausrundung die eiserne Stange zu stehen kommt, aufgesetzt und mittels der auf die Schraubenbolzen p gesteckten Muttern festgelegt.

Die direkte Berührung zwischen Platte, Bügel und Stange wird durch eine um die Stange gewickelte Blei- oder Gummischicht verhindert, wie dies Seite 48 näher begründet ist, um die Tonübertragung auf das Mauerwerk oder Balkenwerk zu verhindern.

Der Fusspunkt der Stange muss ausserdem gegen das Hinunterrutschen in besonderer Weise gesichert werden.

Durch den Bügel b wird ein starker Dorn q durchgesteckt, welcher mit seiner zu einer Schraube eingerichteten Spitze bis durch die Platte aa reicht. Der unten mit einem Schlitz versehene Rohrständer wird auf diesen Dorn p so gestellt, dass der Dorn sich innerhalb des Schlitzes befindet.

Bei Befestigung der Rohrständer am Balkenwerk ist zu unterscheiden:

1. die Befestigung im Innern des Daches;
2. die Befestigung ausserhalb des Daches.

Die Befestigung im Innern des Dachraumes ist wiederum verschieden, je nachdem

1. ein Giebeldach,
2. ein flaches Dach (Pultdach)

zur Verfügung steht.

Die Figur 10 zeigt die Befestigung eines aus zwei Ständern bestehenden Gestänges im Innern eines spitzen Giebeldaches, sodass die durch die Ständer gelegt gedachte Ebene senkrecht zur First des Daches steht.

Der Fusspunkt der beiden Rohrständer ist hier an dem auf der Stuhlwand a ruhenden Kehlbalken kk in der vorbeschriebenen Weise befestigt.

Um einen zweiten Befestigungspunkt zu gewinnen, hat der Balken x neu eingezogen werden müssen. Die Einziehung eines besonderen Balkens ist in den meisten Fällen·

erforderlich, weil, falls auch mehr nach der Spitze des Daches zu sog. Hahnenbalken sich befinden, diese zu geringe Länge besitzen, um zwei Rohrständer in der erforderlichen Auseinanderstellung an ihnen befestigen zu können.

Wenn das Giebeldach so liegt, dass die Rohrständer nicht

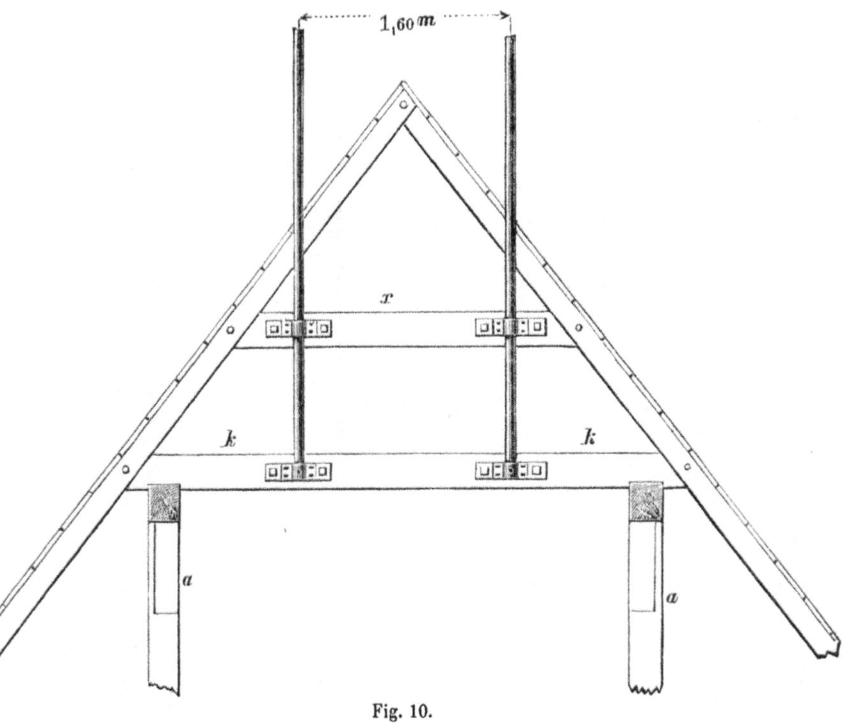

Fig. 10.

auf die beiden abfallenden Dachflächen, sondern parallel mit der First auf einer Dachfläche aufgestellt werden müssen, so kann man die in den nachstehenden beiden Figuren dargestellte Construction anwenden.

3*

Die Figur 11 zeigt den Querschnitt, die Figur 12 den Längsschnitt.

Auf die Kehlbalken k wird parallel mit der Dachfirst laufend der Balken a gelegt und mittels eiserner Winkel (Figur 11 bei a) an den Kehlbalken befestigt.

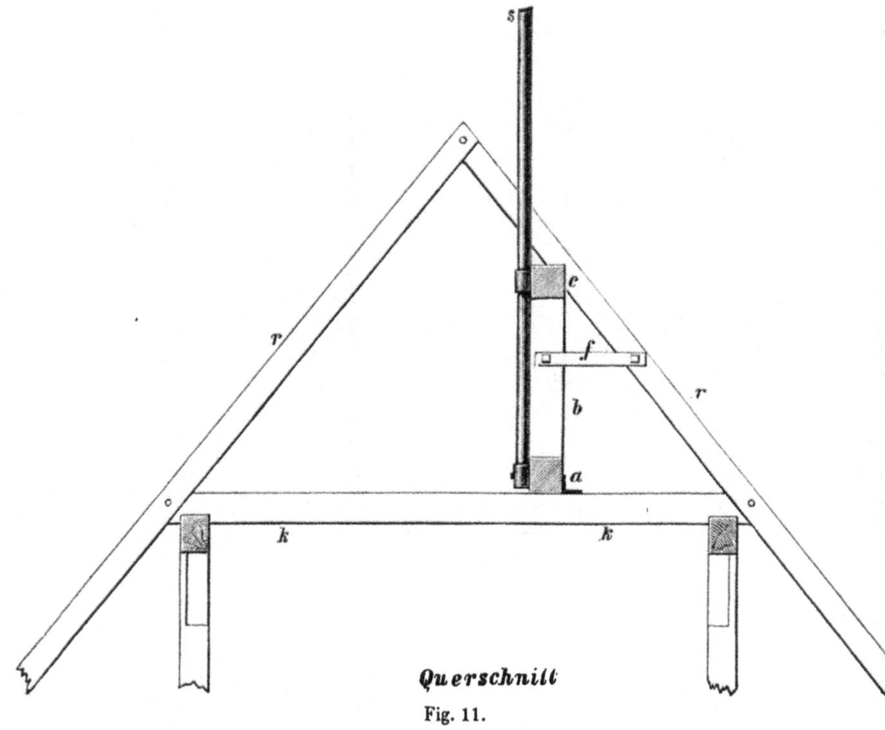

Fig. 11.

Auf diesen Balken a sind 4 Ständer b aufgesetzt und verzapft. Ueber die Ständer b ist der zweite horizontal liegende Balken cc gelegt und ebenfalls mit den Ständern b verzapft. Wo der Balken cc gegen einen Dachsparren anliegt, wird derselbe etwas ausgeschnitten. Die Dachsparren selbst dürfen durch Anschneiden nicht geschwächt werden. In der

Figur 11, wo anscheinend der Sparren eingeschnitten ist, liegt
diese hinter dem Querschnitt des Balkens *c*. Die Diagonal-

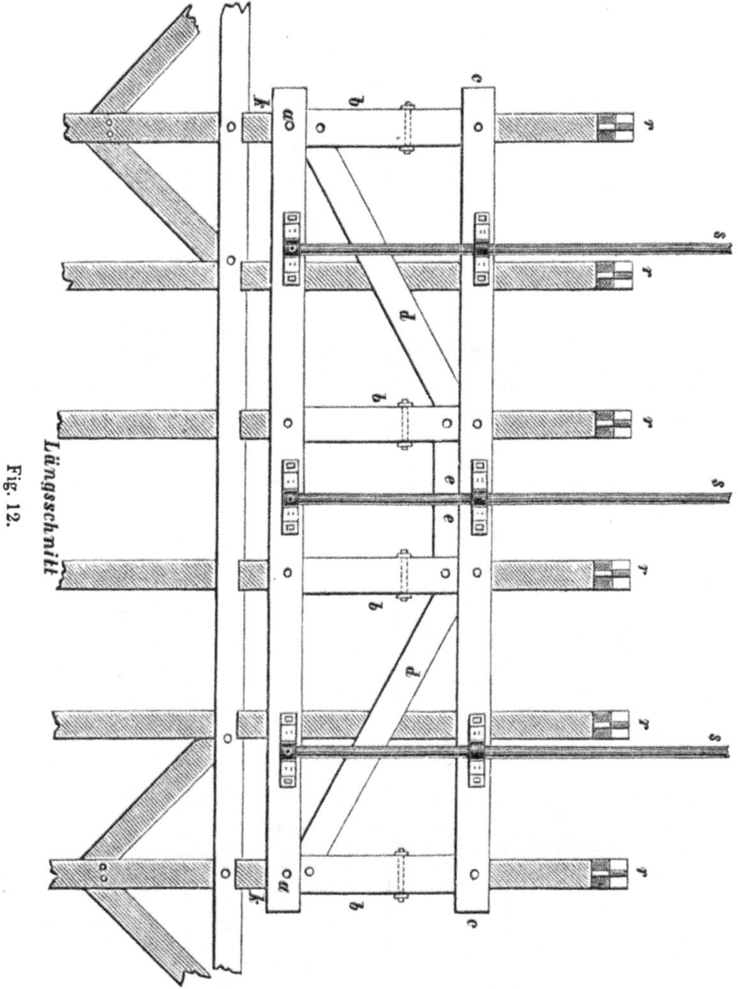

stücke *dd*, sowie das Stück *e* sind zur Verstärkung der Construction ausserdem eingelassen. Die eisernen Rohre sind

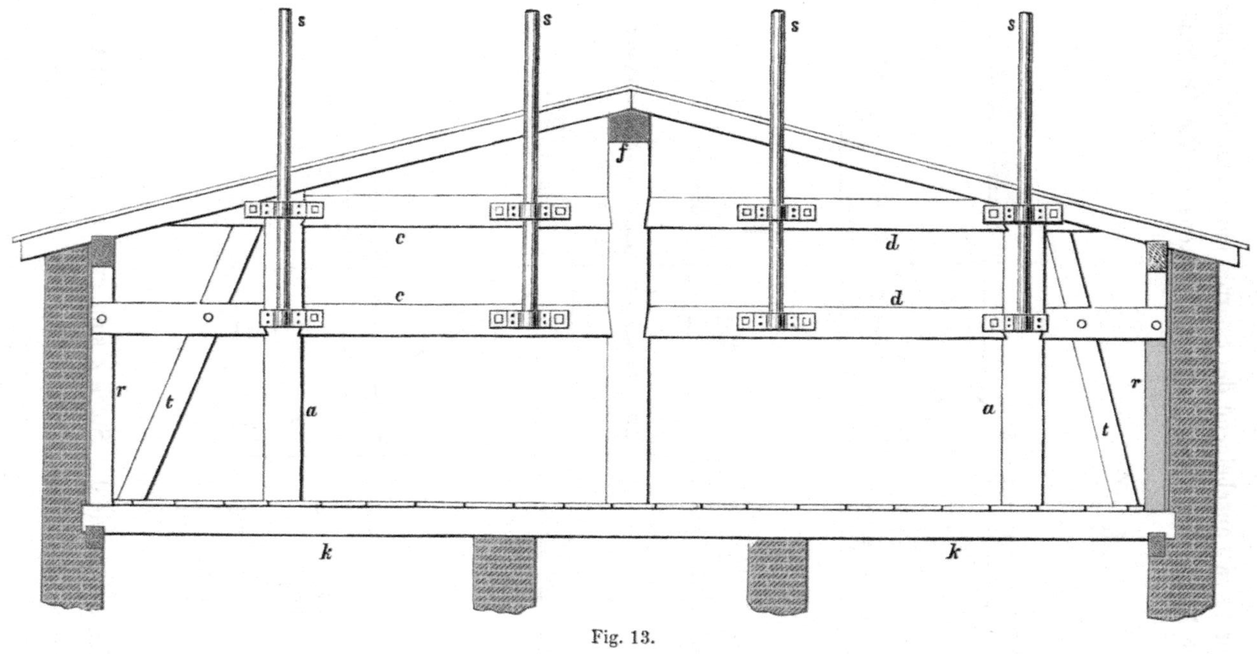

Fig. 13.

einerseits an dem Balken aa, andererseits am Balken *cc* befestigt.

Um die Construction in ihrer Lage zu halten, werden die 4 mit *b* bezeichneten Balken durch je zwei Schienen *f* aus Flacheisen, welche mittels durchgehender Bolzen mit Muttern sowohl an die Balken *b* als an die Dachsparren *r* befestigt sind, mit den Dachsparren verbunden.

Die Befestigung eines aus vier Rohrständern bestehenden Gestänges zeigt die Figur 13.

Hier sind auf dem Kehlbalken *kk* des ziemlich flachen Daches zwei Ständer *aa* aufgesetzt, welche mit dem Firstrahmen *f*, den an den Mauern befindlichen Drempelstielen *rr* und der vorhandenen Kniestücke *tt* mittels der Balken *cc*, *dd* zu einem haltbaren Rahmen verbunden sind. An den Balken cc und *dd* die 4 Rohrständer *s* befestigt. Bei den zu äusserst stehenden Rohrständern sind die unteren Befestigungsplatten umgebogen und mit einem Ende an der Seite des Balkens *a* befestigt.

Die Figur 14 endlich zeigt die Befestigung eines aus drei Rohren bestehenden Gestänges oberhalb eines flachen Daches. Die Balkenstücke *rrr* (sog. Drempel) tragen einen horizontalen Balken *bb*, auf welchen die drei Ständer *aaa* aufgesetzt sind und mit dem horizontalen Balken *bb* abschliessen. Drei durch *b*, *a*, *r* und den Sparrenbalken *kk* durchgreifende Bolzen *ppp* geben dem Rahmen die nöthige Verbindung, dessen Festigkeit durch die Diagonalbalken *dd* erhöht wird.

Die ganze Vorrichtung wird ausserdem auf beiden Seiten noch durch senkrecht zur Ebene des Rahmens stehende eiserne Streben gehalten. An den Balken *bb* sind die drei Rohrständer befestigt.

In den vorstehend angegebenen Figuren sind nur die

wesentlichsten und in grösseren Städten bei der Bauart der Dächer am häufigsten vorkommenden Fälle angegeben, welche

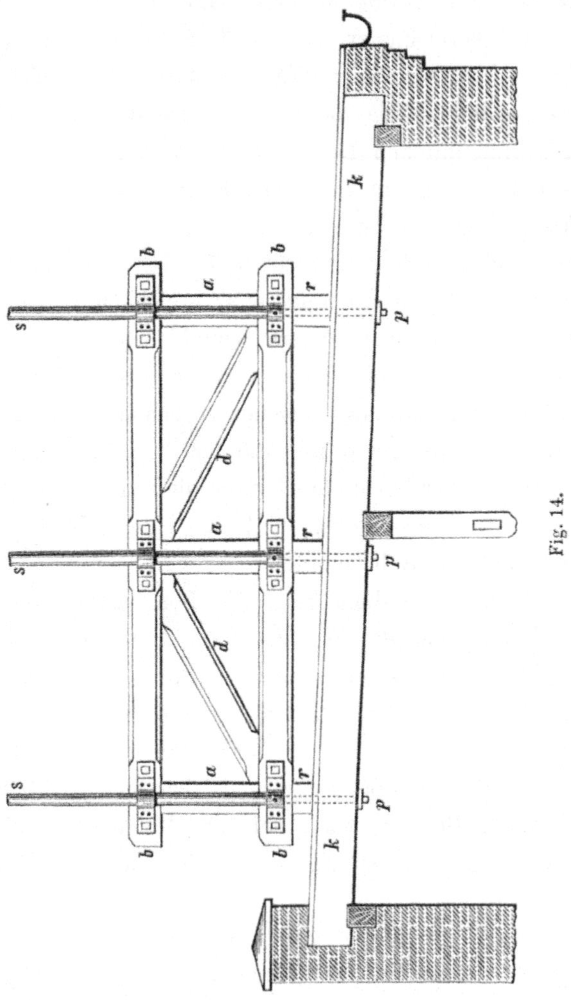

Fig. 14.

natürlich je nach den örtlichen baulichen Verhältnissen Abänderungen erfahren können und müssen. Im Ganzen und

Grossen kann man jedoch die beschriebenen Constructionen an den meisten Stellen anwenden.

Als Regel ist bei Giebeldächern zunächst festzuhalten, die Rohrständer nicht an der First der Dächer hervortreten zu lassen, weil sonst die Dichtung der Durchgangsstellen schwierig wird. Bei sehr flachen Dächern ist die Construction Figur 14 zu empfehlen, weil unter dem Dach meistens wenig Platz ist und in der beschriebenen Weise auch das Gestänge möglichst hoch zu liegen kommt, ohne dass die eisernen Rohre eine bedeutende Länge zu erhalten brauchen.

Bei den Arbeiten zur Aufstellung der Gestänge muss die grösste Sorgfalt angewendet werden, damit nicht bei dem vielfachen Hin- und Hergehen der Arbeiter das Dach beschädigt wird. Ganz besonders gilt dies bei Giebeldächern, welche mit Schiefer oder Ziegelpfannen gedeckt sind.

Gestänge auf Schiefer- oder Pfannendächern werden daher von vornherein zweckmässig mit Laufbrettern ausgerüstet und zwar in folgender Weise:

Gleich nach Befestigung der einzelnen Rohre wird um jedes Rohr ein aus zwei zusammengeschraubten Stücken gebildetes Halseisen h (Figur 15.) etwas über der Stelle, wo das Rohr aus dem Dache hervortritt, so festgelegt, dass das Halseisen mit seinem längeren Ende senkrecht zu der durch das Gestänge gebildeten Ebene zu liegen kommt.

Auf die längeren Enden der Eisen wird dann ein passendes starkes Brett L befestigt, indem durch die von den beiden Halbstücken des Halseisens gebildeten Oeffnungen Bolzen durchgesteckt und durch Schrauben gehalten werden. In dieser Weise erhält man einen für die Vornahme der folgenden Arbeiten bequemen Platz, welcher bestehen bleibt und bei späteren Arbeiten wieder benutzt wird. Ohne ein

solches Laufbrett sind Beschädigungen der Dächer und daraus
entspringende oft hohe Kosten sowie Unzuträglichkeiten aller
Art unvermeidlich. Bei flachen Asphaltdächern thut man
wohl daran, die zu betretende Arbeitsfläche vorher vollständig
mit Schutzbrettern abdecken zu lassen, um Beschädigungen
zu vermeiden. —

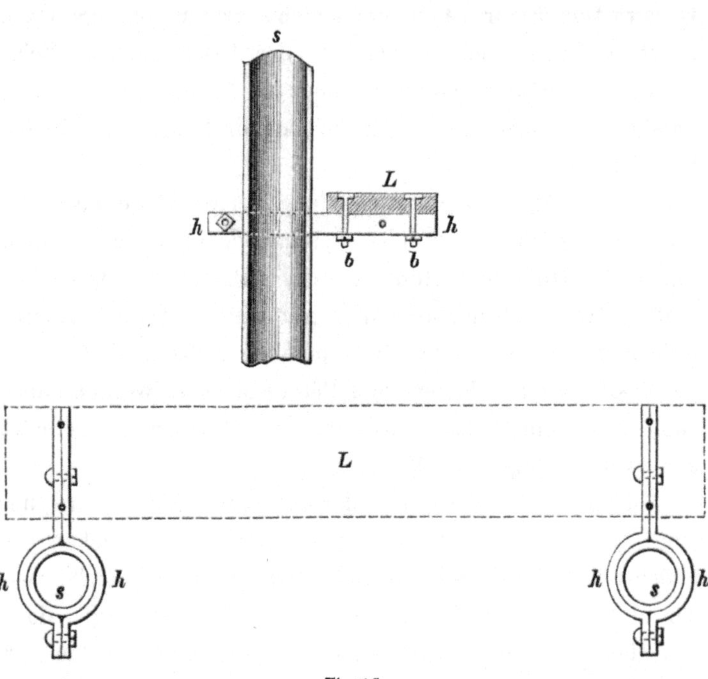

Fig. 15.

Das Gestänge wird, nachdem die Träger mit den Isolationsvorrichtungen angebracht und die Leitungen hergestellt
sind mit Diamantfarbe gestrichen. In den oberen Theil eines
jeden Rohres wird ein gusseiserner Knauf, theils als Ver-
zierung dienend, theils gegen das Eindringen des Regens
bestimmt, fest eingesetzt.

Verstärkungsmittel.

Die Gestänge werden in den Punkten, wo sie einem Zuge ausgesetzt sind, mittels Anker aus Leitungsdraht oder Stabeisen in ihrer Lage gehalten.

Die Drahtanker werden aus 4 bis 8fach zusammengedrehtem Leitungsdrath von 4 mm Stärke angefertigt und an im Mauerwerk oder im Holzwerk eingelassenen starken Ankerhaken festgelegt. Zur Anbringung der Anker aus Stabeisen kann man die in nachstehenden Figuren dargestellten Halseisen h und h_1, welche um die Rohrständer in der Regel am

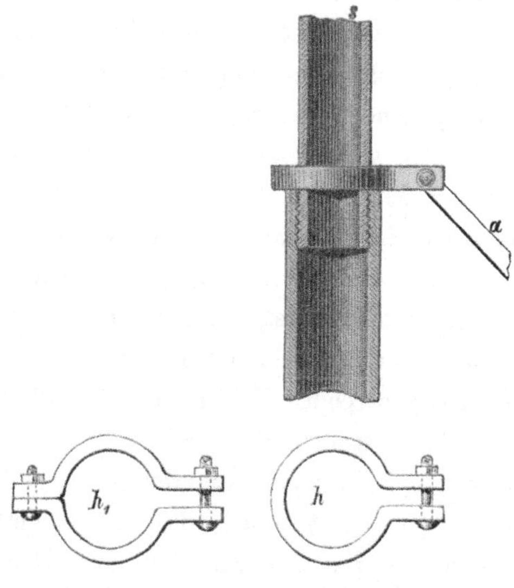

Fig. 16.

unteren Ende des dünneren Rohres, jedoch noch einen Theil des unteren Rohres mit umfassend umgelegt werden, benutzen.

Das Flacheisen a erhält am unteren Ende einen Flansch, welcher am Mauerwerk oder am Holzwerk mittels Mauerbolzen bzw. Schrauben befestigt wird. Die in Figur 16 dargestellte aus zwei Halseisen gebildete Construction h_1 lässt sich jederzeit, auch nach Armirung der Gestänge anbringen und ist deshalb für manche Fälle vorzuziehen.

Damit das Halseisen von dem oberen dünneren Rohrständer nicht durch einen Zwischenraum getrennt ist, kann dem Rohrständer ein Bleiring umgelegt werden, so dass das Halseisen den obern Rohrständer fest mit umpresst.

Nach Aufstellung des Gestänges und Anbringung der Verstärkungsmittel ist die grösste Sorgfalt auf das Dichten derjenigen Stellen zu verwenden, wo die Constructionen die Dachfläche durchbrechen. Diese Arbeit muss nach genauer Untersuchung und Instandsetzung des Daches durch einen sehr zuverlässigen Sachverständigen geschehen, weil sonst Ansprüche weitgehender Art wegen Beschädigungen durch Leckage sehr leicht geltend gemacht werden können.

Die Dichtung derjenigen Stellen, an welchen die Rohrständer aus der Bedachung hervortreten, ist, je nachdem das Dach ein Schiefer- Asphalt- Zinkdach oder ein mit Dachpfannen abgedecktes Dach ist, verschieden.

Bei Asphaltdächern, Zinkdächern und Schieferdächern wird zweckmässig folgendes Verfahren eingeschlagen:

Um jedes Rohr wird eine runde Blei- oder Zinktülle a, welche jedoch das Rohr nicht berühren darf, sondern 3 bis 5 mm überall von der Wandung des Rohres entfernt sein muss, angebracht. Der umgebogene, auf dem Dach d flachanliegende Rand der Tülle wird bei Asphaltdächern festgenagelt und wieder bis dicht an das Rohr mit Asphalt bedeckt, bei Zinkdächern mit dem Zink gut verlöthet. Bei Schieferdächern muss der Rand von solcher Ausdehnung sein, dass er an der aufsteigenden Seite des Daches unter, nach der abfallenden Seite über die bis dicht an den Rohrständer wieder herumgelegten und befestigten Schiefer greift. Oberhalb dieser Tülle wird das eiserne Rohr blank gefeilt, verzinnt und dann eine Blei- oder Zinktülle *b* umgelegt und mit dem Rohr verlöthet. Die Tülle *b* erweitert sich nach unten und umfasst den aufrecht stehenden Theil von *a*.

Auf diese Weise wird zunächst verhindert, dass das am Rohr herablaufende Regenwasser durch das Dach eindringt, da dasselbe über *a* ablaufen muss, dann aber auch, da die

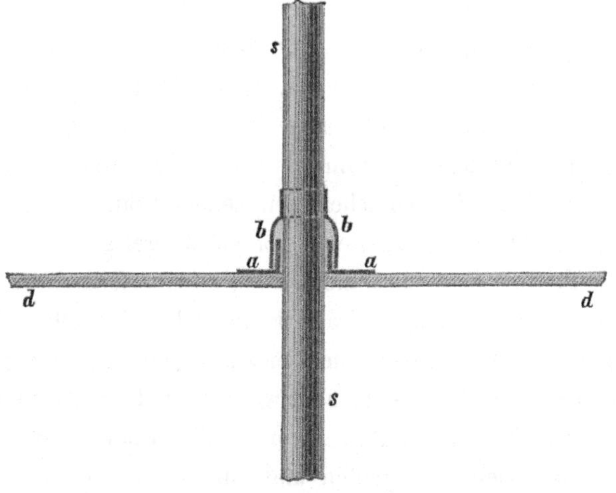

Fig. 17.

beiden Tüllen getrennt sind, vermieden, dass bei Schwankungen des Gestänges in Folge heftigen Windes eine Beschädigung der Tüllen eintritt, welche unausbleiblich ist, wenn nur eine Tülle an dem Rohr und dem Dach zugleich befestigt wird.

Ist das Dach mit Pfannen gedeckt, so wird diejenige Pfanne, deren Platz das Rohr einnimmt, durch eine wie die Dachpfanne geformte Bleipfanne, durch welche der Rohrständer hindurchgeht und mit welcher er gut verlöthet ist, ersetzt.

b) Das Ziehen der Leitungen.

Die Herstellung der Leitungen ist bei Fernsprechanlagen bei Weitem schwieriger, als bei andern oberirdischen Leitungen, weil die Leitungen fast stets über hohe verschiedenartige Dächer, über Strassen nnd Plätze ohne Störung des Verkehres hinweg gezogen werden müssen.

Um dies zu ermöglichen, wird in folgender Weise verfahren:

Zwei nicht zu weit (etwa 800 Meter) auseinanderliegende Stützpunkte, zwischen denen Leitungen hergestellt werden sollen, werden ausgewählt und wird neben denselben auf dem Dache je eine leichte Trommel mit Draht versehen aufgestellt. Vorher wird zwischen den beiden Stützpunkten eine starke, nicht zu dicke Leine schlaff ausgelegt. Zur Auslegung dieser Leine über die Dächer ist es erforderlich, dass auf die zwischen den in Frage kommenden Endstützpunkten liegenden Dächer Arbeiter mit entsprechend langen Stücken der Leine ausgerüstet, entsendet werden, und ihre Leine nach beiden Seiten herabwerfen, worauf die Enden von unten stehenden Arbeitern ergriffen und mit den von dem nächstfolgenden Dach heruntergeworfenen Ende eines andern Stückes durch einen haltbaren Knoten verbunden werden.

Man kann auch vom ersten Dach anfangend, das eine Ende der Leine herabwerfend, an der andern Seite der Strasse dieses Ende mittels einer Schnur auf das Dach hinaufziehen, von diesem das Ende an der andern Seite wieder hinunterwerfen und mittels der Schnur auf ein drittes Dach ziehen u. s. f., so dass man das Zusammenknoten der Leinenstücke erspart. In dieser Weise erhält man, wenn auch oft durch langwierige Arbeit, eine Leine über sämmtliche Dächer hinweg. Es seien nun z. B. mittels dieser Leine vom Stützpunkt A über die Stützpunkte B, C, D, E bis F Leitungen zu ziehen. Dann wird die Leine mit dem Ende des auf der Trommel liegenden Drahtes bei A verbunden, jedoch an die Leine eine zweite ebenso lang wie die erste geknotet und mittels der erstern Leine der Drath und die zweite Leine bis F gezogen. Der Draht wird dabei während des Ziehens von Arbeitern, welche sich auf den Dächern bei den zwischenliegenden Stützpunkten befinden, mit gehoben und fortgeleitet. Die herübergezogene Leine wird bei F auf eine leere Trommel gewickelt. Sobald das eine Ende des Drahtes bei F angekommen ist, wird die Leine vom Drahte abgebunden, und an dieselbe der bei F auf einer zweiten Trommel befindliche Draht angebunden, nunmehr mit Hülfe der zweiten mit herübergezogenen Hälfte der Leine Draht von F rückwärts nach A gezogen, womit wiederum die erste Leine mitgeht. In dieser Weise werden die erforderlichen Drähte durch Rückwärts- und Vorwärtsziehen der beiden Leinen ausgespannt.

Das Festbinden der Leitungen erfolgt nach der in der Bauordnung vorgeschriebenen Weise mittels gewöhnlichen Bindedrahtes von 2 mm Stärke. Der Draht wird jedoch nicht unmittelbar an die Doppelglocke fest gebunden, sondern es wird zunächst um den Hals der Glocke ein mehrere Centimeter breiter Gummistreifen gelegt, um welche der Bindedraht zu liegen kommt. Zweckmässig verwendet man 4 mm starke Gummiplatten mit zweifacher Hanfeinlage, weil gewöhnliches Gummi von dem Drahte leicht durchschnitten wird. Diese Gummiplatten bezwecken die Uebertragung des durch die Schwingungen des Drahtes hervorgerufenen Tönens auf das Gestänge zu verhindern, was allerdings durch die Gummiunterlage allein nicht immer erreicht wird, wie nachstehend näher erläutert ist.

Aus dem angegebenen Grunde kann auch die Leitung nur seitwärts an dem Halse der Doppelglocke gebunden werden.

Da bei straff angezogenem Drath das Tönen sich sehr verstärkt, so wird dem Drath bei Regulirung der Leitungen ein etwas grösserer, als der normalmässige Durchhang gegeben.

c) Vorkehrungen gegen das Tönen der Leitungen.

Gleich bei Anlage der Leitungen muss darauf Bedacht genommen werden, das Tönen der Leitungen, welches bei bewegter Luft durch die Schwingungen des Drahtes verursacht wird und sich in oft höchst unangenehmer Weise durch das Gestänge auf das Haus fortpflanzt, Beschwerden sowie Kündigungen der Erlaubniss zur Aufstellung von Stützpunkten hervorruft, zu verhindern.

Zu diesem Zwecke ist in erster Linie eine schlaffe Drahtspannung zu empfehlen. Ausser dem bereits erwähnten Umlegen von Gummistreifen um den Hals des Isolators dient auch noch die Umwickelung der Leitungen zu beiden Seiten der Glocke auf eine Länge von etwa 15—20 cm mit einem Bleistreifen.

Rathsam ist es jedoch, gleich von vornherein eine noch besser wirkende Vorkehrung zu treffen, nämlich die Berührung der Rohrständer mit den Eisenschellen und Schuhen zu verhindern und zu diesem Behufe zwischen die Befestigungsmittel und den Rohrständer eine Bleischicht von etwa 8 mm Stärke, aus zusammengelegtem Bleiblech bestehend, zu legen.

Da das Blei die Schwingungen fast gar nicht fortleitet, so ist diese Vorkehrung sehr zu empfehlen, ausserdem nicht sehr kostspielig und leicht auszuführen. Die Bleizwischenlagen wirken anscheinend besser, als die auch angewendeten Gummilagen zwischen dem Rohrständer und der Befestigung.

Ein weiteres Mittel, welches bei sehr dem Luftzuge ausgesetzten Dächern gleichzeitig mit Erfolg angewendet wird, besteht in fester Auspackung des Rohres mit Asche oder feinem Schutt.

Wenn alle diese Mittel gegen das Tönen nicht verfangen wollen, so wendet man ausserdem als letzte, fast stets sicher wirkende Vorkehrung, die in Figur 18 dargestellte Ein-

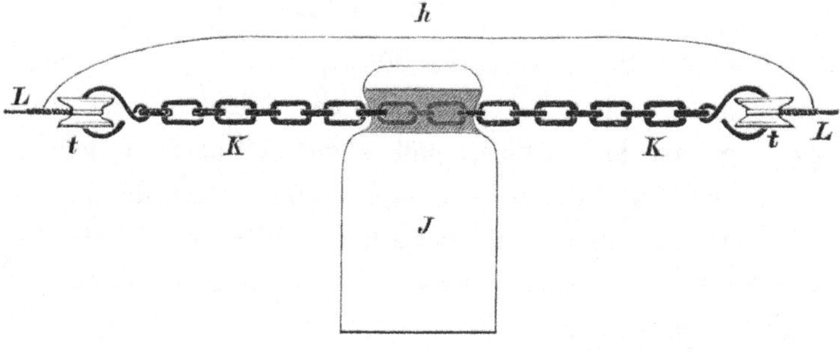

Fig. 18.

richtung an. Eine Kette von etwa 1 m Länge wird mittels Bindedrahts fest an den Hals der mit Gummilage versehenen Glocke I gebunden. Die Kette endet beiderseits in S förmigen Haken, welche mit einem Ende durch die ausgekehlten hohlen Walzen t (Laufringe oder Klüsen) greifen.

Der Draht wird von beiden Seiten in die mit Gummistreifen ausgelegten Kehlungen der Stücke t gelegt, um diese herumgeführt und rückwärts in mehreren Windungen um sich selbst befestigt. Dann wird ein Hülfsdraht h beiderseits um die Leitung L in mehreren Windungen gewickelt, und die Wickelung gut verlöthet, so dass der Draht über dem Kopf des Isolators liegt.

Diese Vorkehrung ist ziemlich kostspielig herzustellen, beseitigt aber in Verbindung mit den andern vorbeschriebenen Mitteln auch in den hartnäckigsten Fällen die Uebertragung des Tönens.

Zu bemerken ist noch, dass das Tönen bei Gestängen, welche an massiven Mauern befestigt sind, weit heftiger auftritt und schwerer zu beseitigen ist, als bei Gestängen, die auf Balkenwerk des Daches ruhen. Die letztere Befestigung ist daher vorzuziehen.

d) Anlegung der Blitzableiter.

Während des Baues einer Fernsprechanlage findet man nicht allein schon bei Einholung der Erlaubniss zur Aufstellung von Stützpunkten, sondern auch oft nach Aufstellung derselben Schwierigkeiten, hervorgerufen durch die Furcht der Hauseigenthümer oder der Miether in Betreff der Gefahr, welche die eisernen Stangen und die Leitungen bei Gewittern verschulden sollen.

In dieser Beziehung herrscht meist überall sehr grosse Besorgniss, welcher unzweifelhaft die seltsamen Vorstellungen, die im gewöhnlichen Leben von der Wirksamkeit der Blitzableiter gehegt werden, zu Grunde liegen.

Der Blitzableiter zieht nach gewöhnlicher Auffassung den Blitz an, folglich müssen die eisernen Ständer und die Leitungen, weil sie nicht wie Blitzableiter sichtbar mit der Erde in Verbindung stehen, sehr gefährlich sein, so lautet die Schlussfolgerung.

Es ist deshalb von der grössten Wichtigkeit, bei den besorgten Personen gleich von vornherein entsprechende Belehrung eintreten zu lassen.

Man setze ihnen auseinander, dass die Wirksamkeit des Blitzableiters gar nicht im Anziehen des Blitzes begründet sei, dass er nur Electricität aus den umgebenden Luftschichten vermöge der Spitzenaufsaugung zur Erde ableiten und im günstigsten Falle einen auf ihn niederfallenden Blitz, gefahrlos zur Erde zu leiten vermöge, dass ein weit verbreitetes, hoch über den Dächern befindliches Drahtnetz nur die gute Eigenschaft habe, eine Masse Electricität aus der Luft zur Erde zu führen. Dies Alles hilft aber in vielen Fällen nicht genügend, die alte Sage, welche in populären Schriften mit wissenschaftlicher Färbung zu sehr verbreitet und in das Volksbewusstsein übergegangen ist, kann nur unschädlich gemacht werden dadurch, dass jedes Gestänge zu einem Blitzableiter umgeschaffen wird.

Man führe also von jedem Gestänge einen Draht oder mehrere zu einem Seil gewundene 4 mm Drähte auf dem zweckmässigsten Wege am Hause herunter bis in das feuchte Erdreich.

Dieser Blitzableiter wird einem Rohrständer in mehreren Windungen umgelegt, die Umwickelungsstelle mit einem Mantel aus Zinkblech versehen und mit Loth gut vergossen. Wählt man ein Drahtseil, so legt und vergiesst man den ersten Draht um den ersten Ständer des Gestänges, den zweiten um den zweiten Ständer und so fort. Sämmtliche Drähte vereinigen sich dann zum Seil am letzten Ständer.

Die nicht unerheblichen Kosten, welche ein solches Verfahren verursacht, werden durch die Vortheile mehr als gedeckt, denn nun tritt Beruhigung ein, da Jeder einen ordnungsmässigen Blitzableiter kennt, und, wenn ein solcher sich am Hause befindet, zufrieden ist.

Wenn ein Gestänge auf einem Dache aufgestellt wird, auf dem sich bereits ein Blitzableiter befindet, so muss dieser Blitzableiter der Sicherheit wegen mit dem Gestänge bzw. mit dem am Gestänge anzubringenden Blitzableiter gut leitend verbunden werden. Die Verbindung kann durch ein Seil aus 4 mm Leitungsdraht oder aus Kupferdraht (falls der besondere Blitzableiter eine Kupferleitung hat) hergestellt werden. Die Verbindungsstellen sind gut zu verlöthen. —

Die Furcht vor der Blitzgefährlichkeit der Fernsprechanlagen und die übertriebenen Vorstellungen von der Wirksamkeit der sogenannten Blitzableiter, welche sehr häufig durch Klempner oder Dachdecker in seltsamer, zuweilen sogar widersinniger Weise angelegt sind, bilden eine der grössten Schwierigkeiten, womit eine Fernsprecheinrichtung zu kämpfen hat. Es bleibt deshalb nur übrig, diese Furcht durch Umwandlung der Gestänge zu Blitzableitern zu benehmen, wenn das Unternehmen gefördert werden soll.

Hoffentlich wird mit der Zeit, wenn eine Reihe von Gewittern über der Anlage sich gefahrlos entladen hat, die Furcht verschwinden, vielleicht sogar bei Manchem dem Wunsche Raum geben, auch ein zum Blitzableiter umgeschaffenes Gestänge auf dem Hause zu wissen.

Drittes Kapitel.

Einrichtung der Fernsprechstellen.

Die technische Einrichtung einer Fernsprechstelle besteht aus:

1. der Einführung der Leitung und der Zimmerleitung;
2. der Batterie, welche zur Hervorbringung der Signale auf dem Vermittelungsamt und auf andern entfernten Sprechstellen dient;
3. der Erdleitung;
4. dem mit einem Wecker verbundenen Apparatsystem.

Die Einführung, Zimmerleitung, Batterie und Erdleitung sind sowohl auf Endstellen als auch auf den in ein und derselben Leitung eingeschalteten zweiten Stellen (Zwischenstellen) in derselben Weise beschaffen und anzulegen.

Die Apparatsysteme sind jedoch, je nachdem sie für Endstellen oder für Zwischenstellen dienen sollen, verschieden construirt, da die Zwischenstelle ermöglicht, mittels einfacher Vorrichtungen nach Belieben die Leitung in zwei besondere Leitungen zu zerlegen.

1. Die Einführung der Leitung und die Zimmerleitung.

Von der nächsten Hauptlinie bezw. von derjenigen Linie aus, von welcher die Fernsprechstelle eines Theilnehmers am bequemsten zu erreichen ist, wird die Zuführungsleitung, oder wenn die einzurichtende Stelle eine Zwischenstelle ist, die Schleifleitung auf dem kürzesten Wege unter Benutzung des Mauerwerkes geeigneter Häuser zur Anbringung von Isolationsvorrichtungen (verlängerte Stützen mit Doppelglocken) bis zu dem Hause, in welchem die Sprechstelle einzurichten ist, geführt. Wenn irgend möglich, lässt man die oberirdische Linie unmittelbar an der Aussenseite desjenigen Raumes, in welchem der Sprechapparat angebracht werden soll, endigen, andernfalls an einem solchem Punkte, von wo aus der für die Sprechstelle bestimmte Raum ohne grosse Umwege zu erreichen ist. In manchen Fällen wird dies seine Schwierigkeiten haben; man wird sich zuweilen gezwungen sehen, Lichthöfe, Treppenhäuser, Böden und Corridore zu benutzen.

Wenn daher der Verwendung gewöhnlichen Zimmerleitungsdrahtes Bedenken entgegen stehen, so kann zur Verbindung der Leitung mit dem Sprechapparat einadriges Bleirohrkabel benutzt werden, da dieses sich bequem an den Wänden befestigen lässt und Beschädigungen nicht so leicht ausgesetzt ist.

Unterhalb des Isolators, an welchem die Zuführungsleitung endigt, wird die Mauer durchbohrt, der Einführungsdraht bzw. das Bleirohrkabel durchgesteckt und die Kupferseele einige Centimeter frei gelegt.

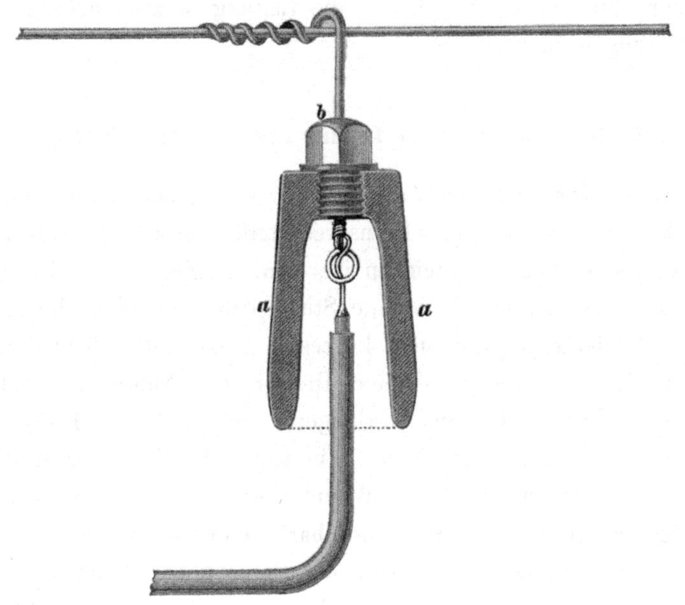

Fig. 19.

Um zu verhüten, dass bei feuchtem Wetter die Electricität von der oberirdischen Leitung über die feucht gewordene Guttaperchaschicht der Ader des Kabels auf die Bleihülle und so auf das feuchte Mauerwerk übergehen kann, wird zwischen der oberirdischen Leitung und dem Bleikabel bzw. dem Einführungsdraht eine sogenannte Schutzglocke (Figur 19) angebracht.

Dieselbe, aus Hartgummi hergestellt, besteht aus dem Mantel *a* und dem Kopf *b*.

Der hohle Mantel *b* ist mit dem massiven Kopf *a* zusammengeschraubt. In den massiven Kopf *a* ist ein Draht einvulkanisirt, welcher nach unten aus dem Mantel hervorragt und zu einer kleinen Oese geformt wird.

Das oben aus dem Kopf hervorragende Ende des Drahtes wird mehrmals um die oberirdische Leitung gewickelt und verlöthet. Die ersten Wickelungen werden, wie die Figur zeigt, etwas lose angefertigt und nicht verlöthet, damit der Draht nicht abbricht. Dann wird der Mantel abgeschraubt, durch denselben die Ader des Bleirohrkabels gesteckt und mit ihrem metallisch blosgelegten Ende durch die Oese des Drahtes der Schutzglocke gezogen, einige Male umgewickelt und mit dem Draht innig verlöthet, der Mantel wird emporgeschoben und auf den Kopf geschraubt. Die Verbindung muss so gemacht werden, dass die Hülle des Bleirohrkabels noch bis in den Mantel etwas hineinragt und in der Mitte der Schutzglocke senkrecht herabhängt, damit auch der Regen nicht zwischen Bleihülle und Guttaperchadraht eindringen kann. Das Kabel soll den Rand des Mantels nicht berühren und muss deshalb entsprechend gebogen werden, wie die Figur andeutet.

Im Innern des Gebäudes wird das Kabel an den Wänden entlang ununterbrochen bis in den für den Apparat bestimmten Raum fortgeführt und glatt gestreckt an der Mauer mittels kleiner eiserner Klammern festgehalten.

Die Zuführung zur Batterie und zur Erdleitung wird aus gewöhnlichem Zimmerleitungsdraht hergestellt, ebenso auch die Zuführung zu besondern Weckern u. s. w.

2. Die Batterie.

Die Batterie auf den Fernsprechstellen soll dazu dienen, um durch einen in die Leitung entsendeten electrischen Strom dem Vermittelungsamt ein Signal zu geben, damit dasselbe mittels des Fernsprechers die Wünsche des weckenden Theilnehmers entgegennehmen kann, ferner auch ermöglichen, von der Fernsprechstelle aus die Weckerglocke einer auf dem Vermittelungsamt mit der Leitung des rufenden Theilnehmers verbundenen Leitung in Bewegung zu setzen, um so den anderen (gerufenen) Theilnehmer aufmerksam zu machen, dass Jemand eine Unterhaltung von einer Stelle aus mit ihm wünscht.

Zu den Batterien der Fernsprechleitungen verwendet man Leclanché-Elemente mittlerer Form (Figur 20).

Das Leclanché-Element ist ein Kohlenzinkelement und besteht aus:

einem Glasgefäss a,
einem Thonbecher c,
einer Kohlenplatte d,
und einem Zinkstab f.

Das Glasgefäss a hat eine Höhe von 16 cm, eine quadratische Grundfläche von 9 cm Seitenausdehnung und endet oben in einem cylinderförmigen Halse von 9 cm Durchmesser.

Der einen Ecke gegenüber befindet sich am Halse eine Ausbauchung r, welche zur Aufnahme des Zinkstabes dient.

Der aus feinem porösen Thon gefertigte Becher c ist $14^{1}/_{2}$ cm hoch und hat einen Durchmesser von 7 cm. Die Kohlenplatte d ($16^{1}/_{2}$ cm hoch, 4 cm breit, 0,9 cm dick) ist aus Gaskohle gefertigt. Am oberen Ende ist durch Umgiessen von Blei eine Einfassung hergestellt, die in der

Mitte einen Bleicylinder *e* trägt, in welchem ein stark verzinnter Kupferdraht von 2,5 mm Durchmesser mit eingegossen ist.

Die Bleiumfassung ist mit einem Ueberzuge von Pech

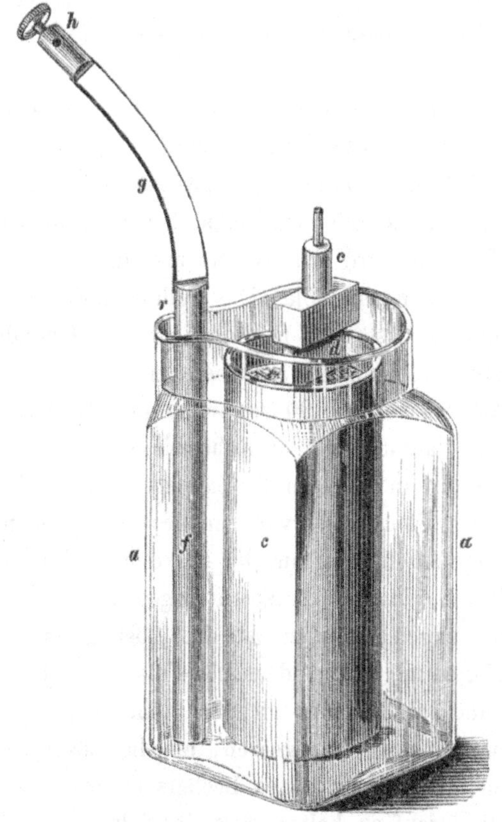

Fig. 20.

versehen, um sie gegen die Einwirkungen der Füllung des Elementes (Salmiak) zu schützen.

Der Zinkstab *f* hat einen Durchmesser von 10 mm und eine Länge von 17 cm. An seinem oberen Ende ist ein

Kupferstreifen g von 12 cm Länge eingelöthet, welcher mit einer Polklemme h aus Messing versehen ist.

Das Leclanché-Element wird in folgender Weise angesetzt:

Der Thoncylinder wird aus dem Glase herausgenommen, und die Kohlenplatte senkrecht in die Mitte des Cylinders gestellt.

Der leere Raum wird mit einer Mischung (etwa 530 gr) aus grobkörnigem staubfreiem Braunstein (Manganhyperoxyd) und Coaks gefüllt und zwar so, dass zuerst $^1/_3$ der Mischung hineingegeben und mit dem Zinkstab vorsichtig festgestampft wird. Danach wird das zweite und das letzte Drittel in gleicher Weise nachgefüllt. Die Füllung hält bei geeigneter Behandlung so fest, dass man den gefüllten Cylinder an der eingesetzten Kohlenplatte aufheben kann.

In das Glas werden 100 Gramm Salmiak (Chlorammonium) geschüttet, darauf wird dasselbe bis auf 5 cm Höhe mit Wasser gefüllt, in welchem der Salmiak sich ziemlich schnell auflöst. Der Thonbecher wird an der vorragenden Kohlenplatte festgehalten, langsam bis auf den Boden des Glases herabgelassen, und der Zinkstab eingesetzt.

Nach einigen Stunden ist die Lösung in den Thonbecher eingedrungen, so dass die Flüssigkeit innerhalb des Bechers und im Glase in gleicher Höhe steht. Schliesslich wird soviel Wasser zugegossen, bis die Lösung noch etwa 4 cm von der Oberkante des Bechers entfernt ist.

Es ist darauf zu halten, dass der Salmiak möglichst rein ist und kein Kochsalz oder keine schwefelsauren Salze enthält, da andernfalls die Zinkelectrode sich schnell abnutzt, und auch die Füllung des Bechers zu sehr angegriffen wird.

Die Befeuchtung des Kupferstreifen am Zinkstabe, sowie

der Polklemme mit der Salmiaklösung ist zu vermeiden, weil die Lösung die Metalle angreift.

Die Salmiaklösung wird nicht erneuert, sondern nach Bedarf nur Wasser zugegossen.

Die Wirkung des Elementes ist eine sehr constante, so lange das Element nicht andauernd geschlossen, sondern nur zeitweise benutzt wird.

Das Leclanché-Element eignet sich zum Betriebe der Fernsprechstellen sehr gut, da die electromotorische Kraft selbst bei häufigem Gebrauche des Weckers nur sehr wenig in Anspruch genommen wird, und deshalb auch die Zersetzung des Braunsteins und des Salmiaks langsam von Statten geht, sodass ein Element sehr lange ohne Erneuerung in der Batterie stehen bleiben kann.

Wenn eine längere Zeit benutzte und durch Zugiessen von Wasser unterhaltene Batterie nicht mehr wirksam erscheint, was sich durch eine Prüfung mittels des Weckers sehr leicht feststellen lässt, und wenn sie auch nach mehreren Stunden ihre Wirksamkeit nicht wieder erlangt, trotzdem sie nicht geschlossen wurde, so sind die Elemente mit neu gefüllten Thonbechern, mit neuen Zinkstäben und frischer Lösung zu versehen.

Die herausgenommenen Thonbecher können, nachdem sie entleert sind und einige Zeit in Wasser gestanden haben, wieder gebraucht werden, ebenso die gereinigten Kohlenplatten, und die noch nicht zu stark angefressenen Zinkstäbe.

Für eine Fernsprechstelle genügen in der Regel 6 Elemente, welche hintereinander geschaltet werden. Die Verbindung der einzelnen Elemente untereinander wird in sehr bequemer Weise bewirkt, indem man die Klemme h (Figur 20) des einen Elementes auf den Poldraht der Kohlenplatte des folgenden bringt u. s. w. Liegt die Fernsprechstelle in grösserer Entfer-

nung vom Vermittelungsamt, so muss die Zahl der Elemente je
nach Umständen auf 7—12 erhöht werden. Einen praktischen
Anhalt hierfür gewinnt man leicht bei Prüfung der betriebs-
fähigen Leitung aus der Wirkung des Stromes auf den zugehörigen Electromagneten im Vermittelungs-Amt und einen
noch besseren, wenn auf dem Vermittelungs-Amt in die Leitung
ein Wecker zur Probe eingeschaltet wird.

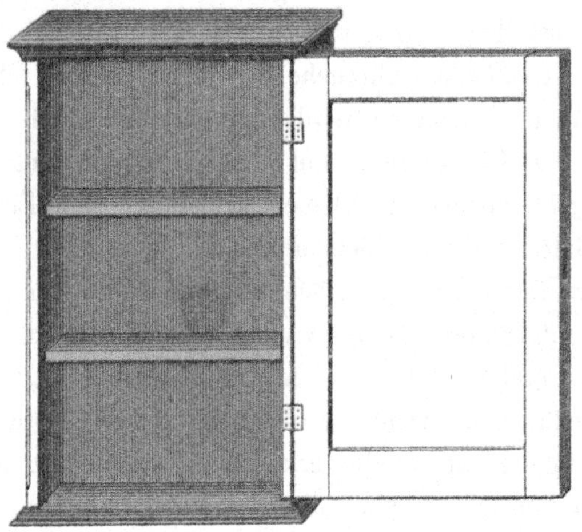

Fig. 21.

Zur Aufnahme der Batterie dient ein kleines Schränkchen
aus polirtem Nussbaumholz (Figur 21), welches zur Unter-
bringung von 12 Elementen ausreicht. Das Schränkchen ist
90 cm hoch, 50 cm breit und 15 cm tief. Die lichte Höhe der
einzelnen Abtheilungen beträgt 27 cm. Der Batterieschrank
wird zweckmässig in der Nähe des Fernsprechapparates
aufgehängt, um eine weitläufige Zuführung zu vermeiden,
jedoch müssen dabei die örtlichen Verhältnisse und Wünsche
des Inhabers der Stelle entsprechend berücksichtigt werden.

Die Zuführung bis zum Apparat wird aus isolirtem Zimmerleitungsdraht hergestellt, welcher mittels kleiner eiserner Haken an der Wand zu befestigen ist.

Wenn ein geregelter Betrieb der Anlage aufrecht erhalten werden soll, so müssen die sämmtlichen Batterien in regelmässigen Zeiträumen nachgesehen und nöthigenfalls erneuert

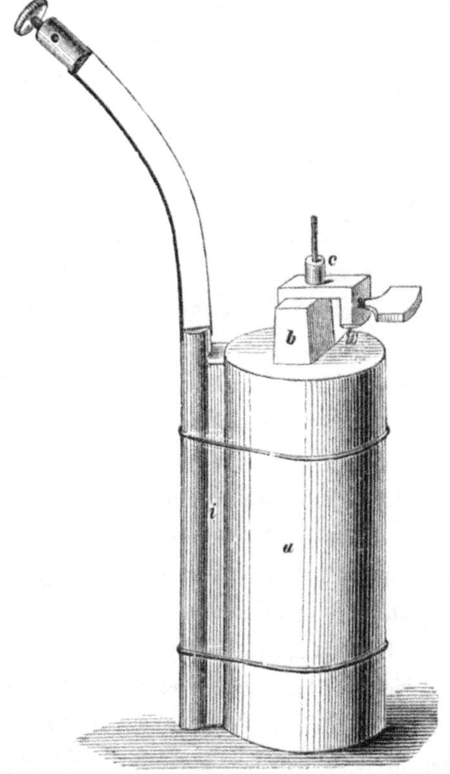

Fig. 22.

werden, da von der Möglichkeit, mittels des Stromes einen entfernten Wecker in Bewegung zu setzen, der ganze Betrieb abhängig ist.

In jüngster Zeit sind vom Reichs-Postamt Versuche mit Kohlenbraunsteincylindern (Figur 22) angeordnet worden.

Die Cylinder sind aus der vorhin genannten Mischung hergestellt und bestehen aus dem massiven sehr harten und festen Körper *a* und einem prismatischen Ansatz *b*, welcher zur Aufnahme des Messingbügels *c* dient. Der letztere wird mittels einer Schraube fest gegen den Ansatz *b* gepresst. Damit die Schraube nicht in den Ansatz *b* eindringt, ist eine kleine Platte *w* aus Weissblech zwischen den die Schraube tragenden Arm des Bügels und den Ansatz *b* gelegt. Der Bügel hat oben einen cylindrischen Fortsatz mit mit einem eingelassenen Poldraht. Der Zinkstab wird bei diesem Element nicht lose in das Glas gestellt, sondern an den Cylinder mit Bindfaden festgebunden, die directe Berührung zwischen dem Zinkstab und dem Kohlenbraunsteincylinder aber durch ein untergelegtes Isolirbrettchen *i* verhindert.

Zu bemerken bleibt noch, dass für den Betrieb auch noch Elemente verwendet werden, welche nicht wie beschrieben, in der Materialien-Verwaltung der betreffenden Ober-Postdirektion mit Braunsteinmischung gefüllt, sondern fertig geliefert werden. Die Bestandtheile der Elemente sowie die Füllung sind zwar gleicher Art, jedoch ist der obere Theil des gefüllten Thonbechers mit Pech ausgegossen, so dass man die Füllung nicht wahrnehmen kann.

Um den sich im Thonbecher entwickelnden Gasen Abzug zu verschaffen, ist in die Pechdecke ein etwa 3 Centimeter langes Glasröhrchen, welches bis auf die Füllung reicht, eingelassen.

Die in der Materialien-Verwaltung zu füllenden Elemente sind auf Anordnung des Reichs-Postamts versuchsweise eingeführt worden, und steht ein endgültiger Beschluss über die in Zukunft allgemein zu verwendende Form und Construction noch aus.

3. Die Erdleitung.

Die Erdleitung für die Batterie sowohl wie für die Fernsprechleitung wird als gemeinschaftliche Erdleitung angelegt.

Da eine gute und zuverlässige Erdleitung nicht allein zur klaren Tongebung im Fernsprecher sehr wesentlich beiträgt, sondern auch die Nebengeräusche im Fernsprecher abschwächt, so ist die Anlage der Erdleitung mit der grössten Sorgfalt auszuführen.

In Städten, wo sich eine Wasserleitung befindet, ist diese am besten und bequemsten zu verwenden. Die aus isolirtem Zimmerleitungsdraht bestehende Erdleitung wird bis zum nächsten Wasserrohr, wenn möglich zu dem aufsteigenden Hauptrohr geführt und mit demselben gut verlöthet. In dieser Weise erhält man eine Erdleitung von zweifelloser Güte und Leitungsfähigkeit, weil nicht allein das ganze Rohrnetz der Leitung, sondern auch der Inhalt desselben leitend wirkt.

Die Verwendung der Gasleitungen als Erdleitung ist dagegen entschieden zu verwerfen. Nicht allein, dass in den Gasrohren der leitende Inhalt fehlt, es sind auch innerhalb der Häuser die Zuleitungen unter Verwendung von Mennige zusammengesetzt, so dass eine solche Leitung oft einen bedeutenden Widerstand hat.

Unter Umständen kann dies zu unangenehmen Vorfällen führen. Wenn z. B. in einem Hause sich zwei Sprechstellen befinden, welche die Gasleitung zur Erdleitung haben, so kommt es vor, dass die beim Gebrauch eines Fernsprechers in demselben erregten Ströme über die Erdleitung hinweg in den andern Fernsprecher übergehen und so ermöglicht wird, das in den einen Fernsprecher Hineingesprochene in dem

Fernsprecher der andern Leitung mitzuhören. Auch die Nebengeräusche sind bei Verwendung der Gasleitung als Erdleitung viel störender und hörbarer als bei Verwendung der Wasserleitung.

Steht keine Wasserleitung zur Verfügung, so ist es vorzuziehen, eine besondere gute Erdleitung aus 4 mm Draht herzustellen. Derselbe wird kurz vor der Maueröffnung im Innern des Zimmers mit der Zuführung aus isolirtem Draht gut verlöthet und neben dem Bleirohrkabel durch die Mauer bis zur gewählten Stelle auf einem möglichst geschützten Wege geführt.

Die Erdleitungen der Fernsprechstellen müssen ebenso wie die Batterien in regelmässiger Zeitfolge nachgesehen und geprüft werden.

4. Die Apparatsysteme.

a) Apparatsystem für eine Endstelle.

Ein Kästchen A aus polirtem Nussbaumholz mit zwei Seitenthürchen enthält diejenigen Hülfsapparate, deren Abschluss gegen Staub und ihrer Construction wegen nothwendig ist. Die Hinterwand des Kastens ist nach unterhalb durch eine Holzplatte, auf welcher der Wecker mit der Weckerglocke befestigt ist, verlängert. Das electromagnetische Werk des Weckers wird durch einen aufgesetzten Schutzkasten e abgeschlossen, so dass nur der Klöppel des Weckers und die Weckerglocke sichtbar ist. (Bei den Apparatsystemen älterer Bauart befindet sich der Wecker oben auf dem Kasten A, wie in der Stromlaufzeichnung (Figur 30) angedeutet ist. Auf der Decke des Kastens A befinden sich nach hinten zu drei Messingklemmen, von denen eine zur Aufnahme der Leitung, eine für die Batteriezuführung und die dritte für die Erdleitung bestimmt ist. Diese Klemmen sind in der Figur nicht sichtbar.

Das Apparatsystem enthält zwei Fernsprecher (Siemens Patent). Der eine Fernsprecher d ist horizontal in den

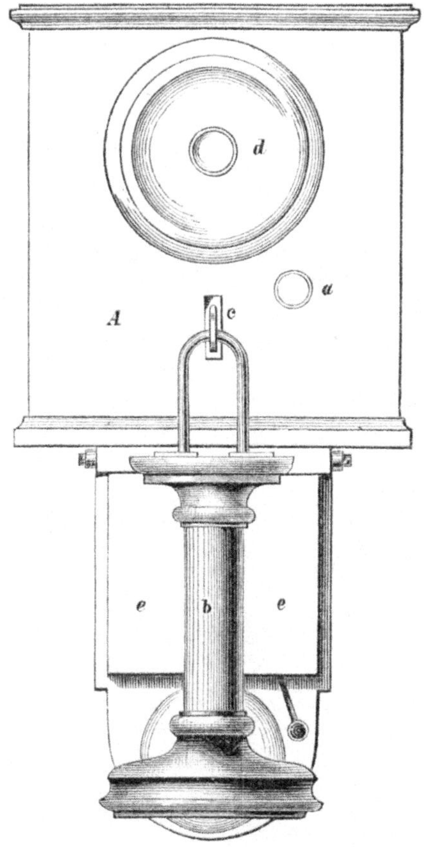

Fig. 23.

Kasten fest eingelassen, der andere b hängt an einem aus der Vorderwand des Kastens hervorragenden Haken c.

Der Knopf a dient dazu, um die Batterie zu schliessen und einen Strom zum Wecken in die Leitung zu senden.

5

Die einzelnen Bestandtheile des Apparatsystems sind aus der Figur 24, welche den von einer Seite und von hinten geöffneten Kasten zeigt, und der Figur 23 ersichtlich und bestehen aus:

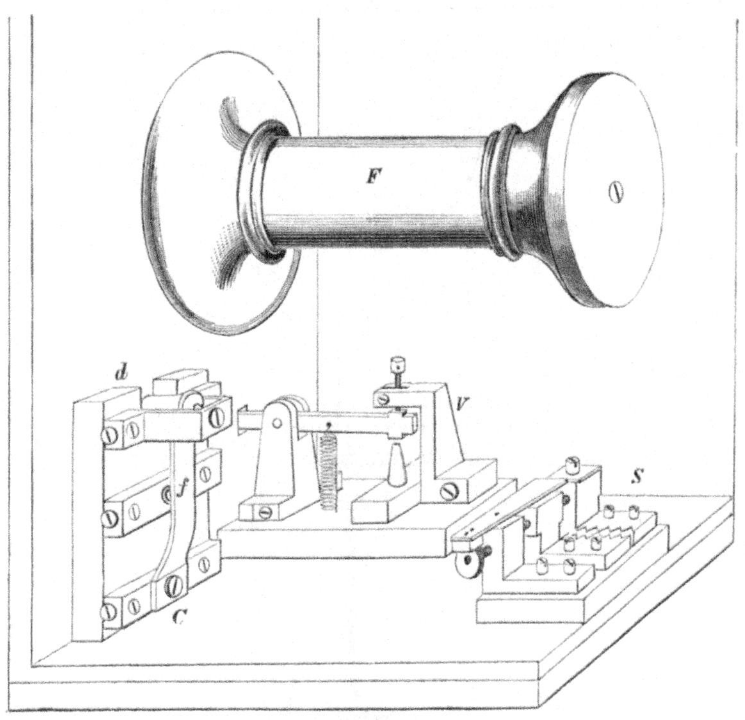

Fig. 24.

aa) Zwei Fernsprechern *F*,
bb) Einer sog. Schutzvorrichtung *S*,
cc) Einer Ein- und Ausschaltevorrichtung *V*,
dd) Einer Weckvorrichtung *C*,
ee) Einem Wecker *W*. (Seite 74.)

aa) Der Fernsprecher.

Der Fernsprecher (Siemens Patent) ist in Figur 25 in der Ansicht, in Figur 26 im Durchschnitt, jedoch mit Fortlassung des Gehäuses dargestellt.

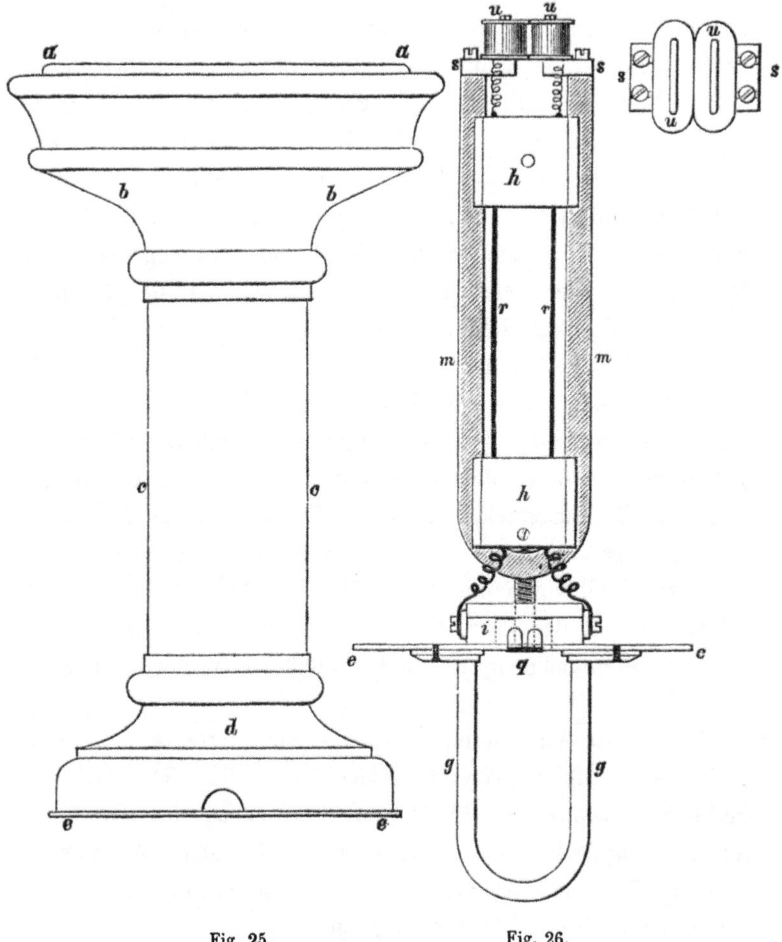

Fig. 25.   Fig. 26.

Auf einem Hufeisenmagneten *mm* sind die beiden Polschuhe *ss* mittels Schrauben befestigt. Die Polschuhe tragen die mit ihnen fest verbundenen kleinen länglichen Eisenstücke *uu* (Fig. 26), welche mit isolirtem feinen Kupferdraht umwickelt sind.

Der Hufeisenmagnet ist mittels der Schraube *q*, welche von unten durch die Messingplatte *ee*, durch ein auf dieser Platte aufgesetztes Holzstück *i* und einen im Innern des Holzes liegenden Messingzapfen greift, mit der Platte *ee* verbunden, sodass, wenn die Schraube *q* angezogen wird, der Hufeisenmagnet sich senkt und bei umgekehrter Drehung der Schraube sich hebt. Auf den Magneten sind oben und unten von beiden Seiten mittels einer durchgehenden Holzschraube die Brettchen *hh* aufgepresst. (In der Figur ist nur je ein Brettchen sichtbar.) Diese Brettchen dienen zur Aufnahme der beiden von den Electromagnetschenkeln *uu* herabkommenden an die Umwindungsdrähte angelötheten Drähte *rr*, welche durch Bohrungen der Brettchen *hh* hindurchführen und an dem Holzstück *i* an kleinen seitwärts liegenden Messingstücken mittels Schrauben endigen. Von den Messingstücken aus führen Verbindungsdrähte nach dem vorderen Theil von *i* und treten hier mit Gummihülsen versehen und mit den Leitungsschnüren verbunden, heraus.

Der Messingbügel *gg* ist mit Ansatzstücken an der Platte *ee* befestigt.

Die ganze Vorrichtung wird bis zur Platte *ee* in eine cylindrische Röhre von Eisenblech *cc* (Fig. 25) hineingeschoben, sodass die Platte *ee* den Abschluss des unteren aus Messingblech bestehenden Ansatzes *d* bildet. An dem unteren Theile des Ansatzes *d* ist die zum Austritt der Leitungsschnüre bestimmte Oeffnung sichtbar.

Die Röhre trägt oben einen Aufsatz *b* und ist dort im

Innern oberhalb *b* durch ein rundes Blechstück geschlossen. Den Abschluss des Apparates bildet ein polirtes hölzernes Mundstück *aa*, welches konisch ausgedreht ist und in der Mitte eine mit Messingblech eingefasste runde Oeffnung hat, durch welche man die abschliessende Blechscheibe sehen kann.

Die Lage der Blechplatte ist derart, dass, wenn der Magnet *mm* unter Zuhülfenahme des Bügels *gg* eingeschoben ist, die Pole *uu* noch in geringer Entfernung von der untern Seite der unterhalb des Mundstückes *aa* liegenden Blechscheibe sich befinden.

Wird in das Mundstück hineingesprochen und dadurch die Blechscheibe (Membrane) in Vibrationen versetzt, so müssen nach den Gesetzen der Induktion in Folge der Annäherung und Entfernung der Eisenscheibe an die Pole bezw. von den Polen *uu* in den Umwindungen electrische Ströme entstehen, welche sich durch die Drähte *rr* und in die Leitung fortpflanzen, auf einer anderen Stelle in dem mit der Leitung verbundenen zweiten Fernsprecher Veränderungen des Magnetismus in den Polschuhen *uu* hervorbringen, dadurch aber die Lautwirkung mittels der Membrane wieder erzeugen, weil diese in Folge der Veränderungen des Magnetismus ebenso vibrirt, wie die des ersteren Fernsprechers durch die menschliche Stimme.

Die Schraube *q* ist sehr wichtig für die Regulirung der Lautwirkung, weil diese sich mittels Drehung der Schraube und dadurch bewirkter Annäherung der Polschuhe *uu* an die Blechscheibe bis zu einem gewissen Grade steigern lässt. Der innere Theil wird an dem Gehäuse bzw. an dessen untern Ansatz *d* mittels dreier durch die Platte *ee* gehender Schrauben befestigt, welche in Ansätze eingreifen, die an der innern Seite des Stückes *d* liegen.

Der an dem Haken des Kastens *A* (Fig. 23) hängende

Fernsprecher ist mit dem Apparatsystem durch eine leitende aus feinen Drähten geflochtene und mit Baumwolle umsponnene Schnur, der sog. Leitungsschnur, verbunden.

bb) Die Schutzvorrichtung.

Die Schutzvorrichtung, welche in Figur 27 im Durchschnitt besonders dargestellt ist, dient dazu, die Umwindungen der Fernsprecher gegen die zerstörenden Wirkungen der atmosphärischen Electricität zu schützen.

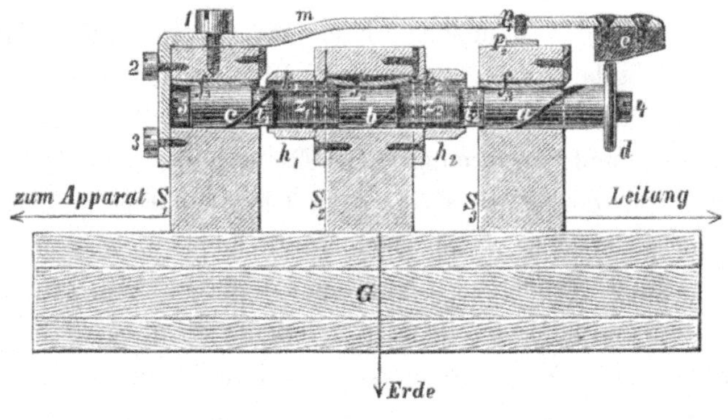

Fig. 27.

Sie besteht aus drei rechtwinklig gebogenen Messingschienen S_1 S_2 S_3, welche auf einer Grundplatte G mit dem einen Schenkel befestigt sind.

Die aufrecht stehenden Enden der Schenkel sind durchbohrt, sodass eine aus drei Messingstücken a, b, c bestehende oben abgeflachte cylindrische Spindel, deren Theile durch Ebonitzwischenlagen i_1 und i_2 von einander isolirt sind, durchgesteckt werden kann.

Das Messingstück b ist an beiden Enden z_1 und z_2 abgedreht, sodass sich daselbst zwei Zapfen von etwas geringerem Durchmesser bilden. Ein 0,2 mm starker mit Seide umsponnener Kupferdraht ist derartig um die Spindel gewickelt, dass er in dicht nebeneinander liegenden Windungen die Zapfen z_1 z_2 umgiebt und sich in die in der Zeichnung angegebenen spiralförmigen Nuthen der drei Metallstücke a, b und c einlegt. Die beiden Enden des Drahtes sind mit den Messingstücken a und c leitend verbunden. Hiernach stehen die Theile a und c in leitender Verbindung, während sie von dem Mittelstück b isolirt sind. Durch die Federn $f_1\,f_2\,f_3$, welche innerhalb der Ausbohrungen sich befinden, wird die innige Verbindung der Theile a b und c mit den Schienen sicher gestellt.

Die Schiene S_1 trägt eine starke federnde Messingplatte m mit einem Platincontact p_1 und einem abgeschrägten Ebonitklötzchen e. Befindet sich die Spindel nicht in den Schienen, so liegt der Contact p_1 auf dem Contact p_2 der Schiene S_3, und die Schiene S_3 steht sonach durch die Feder m mit der Schiene S_1 in leitender Verbindung. Wird die Spindel eingesetzt, so drückt die Scheibe d das Klötzchen e und damit die Feder m in die Höhe, sodass nun die Schienen S_3 und S_1 mittels des vorhin beschriebenen Drahtes und der Theile a und b in leitender Verbindung stehen.

Wenn die Leitung zuerst an die Schiene S_3 geführt wird und von der Schiene S_1 weiter zum Fernsprecher, so findet der Strom ungehindert seinen Weg über S_3, a, durch den isolirten Draht zu c, und über S_1 zum Fernsprecher. Strömt jedoch Electricität in grosser Quantität oder von hoher Spannung durch die Leitung, so wird der feine Kupferdraht auf den Zapfen z_1 und z_2 abgeschmolzen, und der Draht tritt dadurch mit dem Metallstück b in leitende Verbindung. Die Electricität wird einerseits von dem Wege zu c hin abgeschnitten, andererseits über S_2, welche Schiene mit der Erdleitung in Verbindung steht, zu dieser und in die

Erde abgeleitet. Der Fernsprecher wird demnach vor den Einwirkungen der in die Leitung gelangten atmosphärischen Electricität geschützt.

Um einen noch grösseren Schutz gegen heftige Entladungen zu erzielen, sind die zugekehrten Seiten der auf der Grundplatte G liegenden Schenkel der Schiene S_2 und S_3 ausgezackt, sodass sich jedesmal zwei hierdurch gebildete Schneiden einander gegenüberstehen. Die Auszackungen der Schienen sind in der Figur 24 sichtbar.

Die zur Schiene S_3 gelangende stark gespannte Electricität kann über die Schneiden zur Schiene S_2 überspringen und wird auch so schon zur Erde abgeleitet.

cc) Die Ein- und Ausschaltevorrichtung V.

Ein auf der Grundplatte g befestigter Messingständer s trägt einen Hebel c, welcher an einem Ende in Form eines Hakens umgebogen ist. Mit diesem Haken ragt der Hebel c

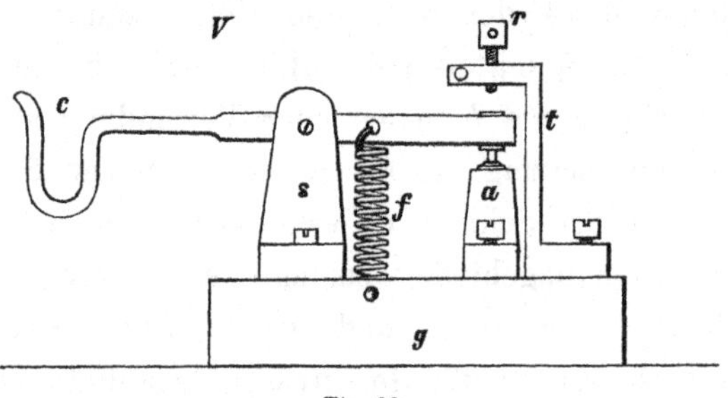

Fig. 28.

aus der Vorderwand des Apparatkastens (Fig. 23), sodass am Haken c der an den Leitungsschnüren befestigte Fernsprecher aufgehängt werden kann. Die Spiralfeder f hält den Hebel c gegen den auf dem andern Ende der Grundplatte stehenden Ständer a fest, so lange der Fernsprecher nicht am Haken des Hebels c hängt. Wird der Fernsprecher angehängt, so zieht er durch sein Gewicht den Hebel herunter und das entgegengesetzte Ende desselben wird gegen die Contactschraube r der winkelig gebogenen Schiene t gepresst.

Da, wie später (Seite 77) erläutert ist, der Wecker nur dann ertönen kann, wenn der Hebel gegen den Contact r anliegt, so muss der Fernsprecher stets am Haken hängen, wenn er nicht benutzt wird.

dd) Die Weckvorrichtung.

Die Weckvorrichtung C besteht aus einer Grundplatte, welche aufrecht an der inneren Vorderwand des Apparatkastens befestigt ist (Fig. 24).

Auf diese Grundplatte sind drei Schienen aufgesetzt, auf deren unterste der starke federnde Messingbügel f mittels einer Schraube befestigt ist.

Die obere Schiene ist zu einem in das Innere des Kastens vorspringenden Bügel rechtwinklig umgebogen. Die mittlere Schiene hat einen Contact, gegen den die Feder f angepresst wird.

Da am oberen Ende der Feder f ein Messingzapfen d befestigt ist, welcher durch die Vorderwand des Kastens reicht und aussen in einen Knopf a (Fig. 23) endigt, so kann mittels eines Druckes auf diesen Knopf a die Feder f mit ihrem oberen, mit einem Contact versehenen Ende gegen die innere Seite der oberen winkelig ausgebogenen Schiene stossen und dadurch der Contact zwischen f und der mittleren Schiene aufgehoben werden.

Wird auf diese Weise durch einen Druck auf den Knopf a der obere Contact hergestellt, so entsendet die Batterie einen Strom in die Leitung, wie Seite 76 näher erläutert ist.

ee) Der Wecker *W*.

Auf einer Holzplatte *P*, welche mittels eines vorspringenden Stückes an dem Boden des Fernsprechapparates (siehe Figur 23) befestigt ist, ist ein Eisenwinkel *r* aufgeschraubt, welcher die Glocke *G* und das Electromagnetsystem *e* trägt.

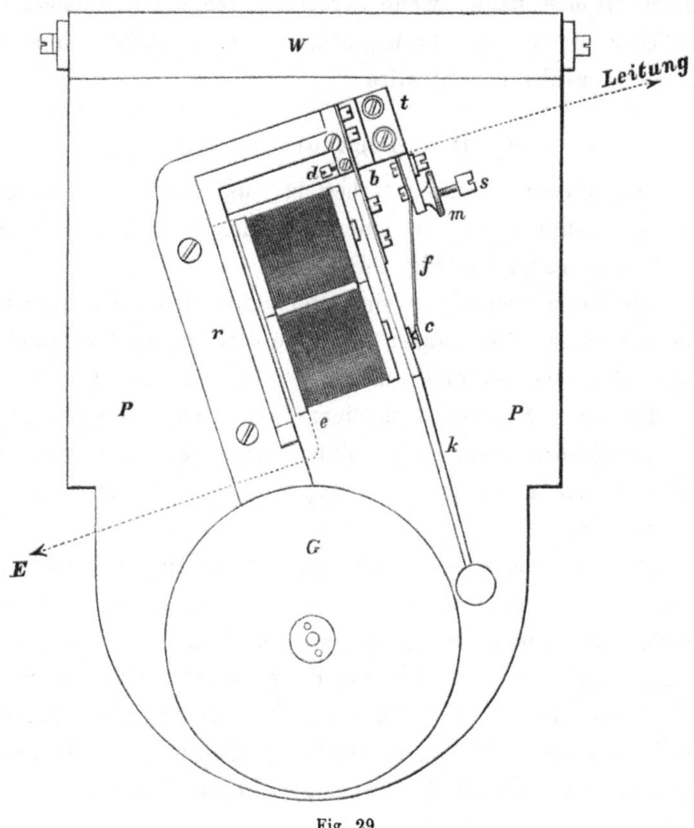

Fig. 29.

Auf dem kürzeren Schenkel des Eisenwinkels *r* ist eine eiserne Platte *t*, welche durch eine Unterlage von Ebonit von dem Eisenwinkel isolirt ist, aufgesetzt. An einem Fortsatz dieser Platte t ist die mit einem Contact c versehene Feder f angeschraubt, die mittels der Stellschraube s regulirt werden kann. Die Stellschraube wird in ihrer Stellung durch die Gegenmutter m festgelegt. Die Feder f presst mit ihrem Contact c gegen einen Contact des Klöppelhebels k, welcher mittels einer kurzen Blattfeder b an dem einen Schenkel des Eisenwinkels befestigt ist. Diese Blattfeder b ermöglicht ein schnelles Vibriren des angesetzten Klöppels k. Ihre Lage kann durch die kleine Schraube d etwas verändert, und dadurch der Klöppel gegen die Feder f mehr oder weniger angepresst werden.

Die Leitung ist mit dem isolirten Stück t verbunden, während der Eisenwinkel bzw. der an denselben mittels der Feder b angeschraubte Klöppel mit der einen Umwindung des Electromagneten in Verbindung steht, und das andere Ende der Umwindungen an Erde liegt.

Ein Weckstrom, welcher durch die Leitung ankommt, fliesst über das isolirte Stück t, die Feder f, den Contact c zum Klöppel k, über die Blattfeder b, den Eisenwinkel r zum Electromagneten, durch die Umwindungen und zur Erde. Sobald der Electromagnet den Anker k anzieht, wird der Contact bei c und damit der Stromweg unterbrochen, der Anker geht vermöge der durch die Feder b ausgeübten Wirkung zurück und legt sich gegen den Contact c, schliesst damit wieder den Strom und das Spiel beginnt von Neuem. Der Klöppel k wird demnach mit der an seinem Ende befindlichen Kugel schnell vibrirend gegen die Glocke G angeschlagen, so lange Strom in die Leitung entsendet wird.

Um eine Fernsprechstelle wirksam zu wecken, muss daher der Knopf a (Figur 23) nicht stossweise, sondern während einiger Sekunden dauernd angedrückt werden.

ff) Der Apparat als Geber und als Empfänger.

Die Art der Einschaltung des Apparates und der Verbindung seiner einzelnen Theile untereinander ist in Figur 30 dargestellt.

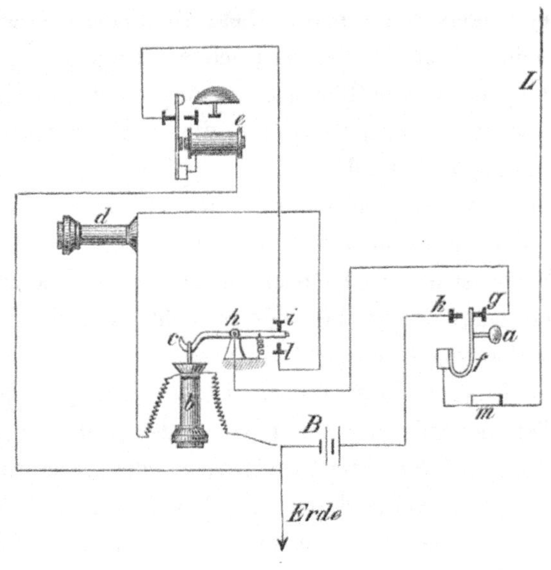

Fig. 30.

1. Der Apparat soll einen Weckruf abgeben.

Der Knopf a wird gegen die Wand des Kastens zu gedrückt, sodass die Contactfeder f den Contact k berührt. Dadurch kommt die Batterie B, welche mit ihrem einen Pol an Erde liegt, mit der Leitung L in Verbindung und es fliesst ein Strom über k, f, die Klemme m in die Leitung L.

2. Der Apparat soll einen Weckruf erhalten.

Der durch die Leitung L kommende Strom fliesst über

m, *f*, den Contact *g* zum Mittelstück *h* der Ausschaltevorrichtung, über den Hebel derselben zum Contact *i* und durch den Wecker zur Erde. Der Wecker ertönt demnach. Bedingung ist, dass der Fernsprecher *b* am Haken *c* hängt, damit der Strom über *h* nach *i* und in den Wecker gelangen kann. Hängt der Fernsprecher nicht am Haken, so ist der Stromweg zum Wecker unterbrochen.

3. Der Fernsprecher *b* soll in Thätigkeit gesetzt werden.

Der Fernsprecher wird vom Haken abgenommen, dadurch der Contact bei *i* durch den herabgehenden Hebel unterbrochen, dagegen zwischen dem Hebel und *l* hergestellt. Die durch das Sprechen in dem Fernsprecher erregten Induktionsströme fliessen durch die Umwindungen beider Fernsprecher *b* und *d* (*b* liegt mit der einen Leitungsschnur an Erde) über *l*, *h*, *g*, *f* und *m* in die Leitung.

Auf dem umgekehrten Wege gelangen die auf einer entfernten Stelle entsendeten Induktionsströme zu den Fernsprechern. Durch beide Fernsprecher kann, da sie in die Leitung eingeschaltet sind, ebensogut gesprochen als gehört werden.

Will man recht deutlich hören, so legt man das eine Ohr an den horizontal in den Kasten eingesetzten Fernsprecher, während man den zweiten Fernsprecher an das andere Ohr hält; auf diese Weise schliesst man auch das von Aussen auf das Gehör eindringende Geräusch wesentlich ab.

In der Regel wird jedoch der am Haken hängende Fernsprecher zum Hören und der im Kasten befindliche zum Sprechen benutzt, sodass keine Unterbrechung in der Unterhaltung einzutreten braucht, und Zug um Zug gehört und gesprochen werden kann.

gg) Aufstellung mehrerer Sprechapparate in verschiedenen Räumen.

Wenn es sich um Aufstellung von mehr als zwei Sprechapparaten für ein und dieselbe Leitung handelt, so werden diese zweckmässig so eingeschaltet, dass die Correspondenz nicht stets sämmtliche Apparate durchläuft. Eine solche Schaltung, welche es ermöglicht, von drei Zimmern aus beliebig sich ein- und ausschalten zu können, ist in Figur 31 dargestellt.

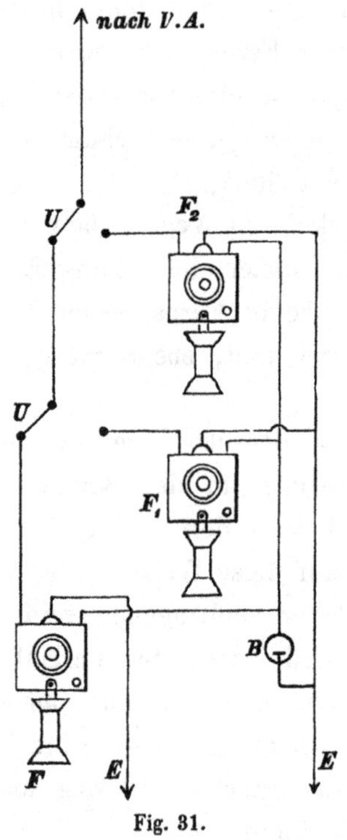

Fig. 31.

Zu diesem Zwecke ist in zwei Zimmern je ein Kurbelumschalter U aufgestellt, die Kurbel im ersten Zimmer mit

der vom Vermittelungsamt kommenden Leitung, der links-
liegende Contact im ersten Zimmer mit der Kurbel des Umschalters im zweiten Zimmer, und der linke Contact des letzteren Umschalters mit der Leitungsklemme des Apparates
im dritten Zimmer verbunden. Batterie und Erdleitung sind
gemeinschaftlich.

Wenn beide Kurbeln nach links stehen, wie in der Zeichnung angedeutet ist, so hat man den Fernsprecher F im
dritten Zimmer eingeschaltet, F_1 und F_2 dagegen ausgeschaltet. Will Jemand von F_2 aus mit dem Vermittelungsamt
sprechen, so dreht er die neben F_2 befindliche Kurbel nach
rechts, wodurch sein Apparat mit der Leitung in Verbindung
kommt. In ähnlicher Weise wird F_1 eingeschaltet. Regel
ist, dass die Kurbeln bei F_1 und F_2 für gewöhnlich nach
links d. h. so stehen, dass der Fernsprecher F eingeschaltet ist.
In ähnlicher Weise wird mittels eines Kurbelumschalters ein
besonderer, in einem anderen Raum aufzustellender Wecker
eingeschaltet.

b) Apparatsystem für eine Zwischenstelle.

Eine Zwischenstelle bezweckt die Möglichkeit, die Leitung
durch einen Umschalter so zu trennen, dass je nach Belieben
des Inhabers nach der einen oder andern Seite hin gesprochen
werden kann.

Die Endstelle der nicht in Anspruch genommenen Seite
der Leitung (entweder das Vermittelungsamt oder die Endstelle des Inhabers der Leitung) kann trotzdem bei getrennter
Leitung der Zwischenstelle stets einen Weckruf zukommen
lassen.

Das Apparatsystem für eine Zwischenstelle ist in ähnlicher
Weise eingerichtet wie das für eine Endstelle. Ausser den
Seite 66 beschriebenen Apparaten enthält dasselbe:

aa) Einen Umschalter;

bb) Ein Relais;

cc) Eine zweite Schutzvorrichtung für den zweiten Zweig der Leitung;

dd) Einen zweiten von dem System getrennten Wecker.

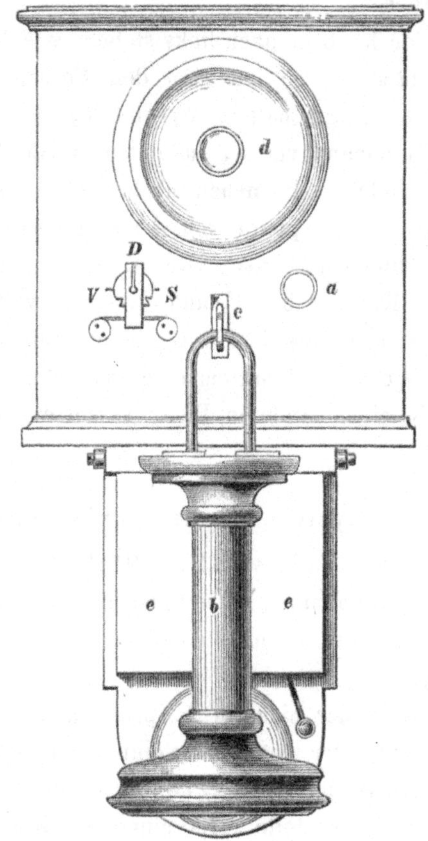

Fig. 32.

Ein System für eine Zwischenstelle ist in Figur 32 in der Vorderansicht dargestellt.

aa) Der Umschalter.

Auf einer Grundplatte *GG* bzw. auf der oberen und unteren Kante desselben sind 6 Klemmen befestigt, an welche die stählernen Flachfedern 1 bis 6 angeschraubt sind.

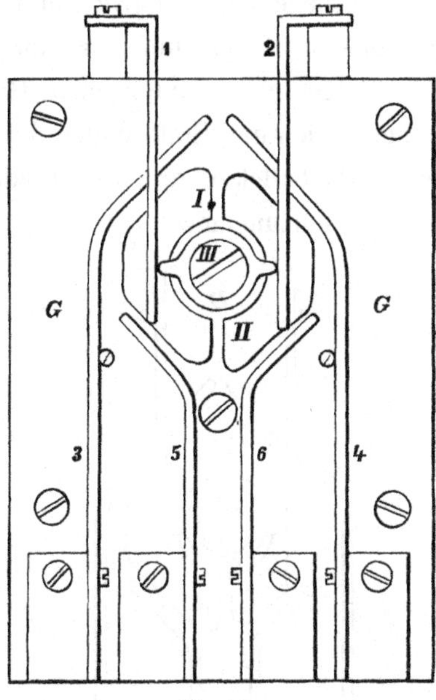

Fig. 33.

Der Umschalter ist an der innern Vorderwand des Apparatkastens befestigt. In dem von den 6 Federn umschlossenen freien Raum ragt nach innen eine Axe hervor, welche durch die Vorderwand des Kastens greift und aussen einen flachen Handgriff trägt. (Figur 37.)

Auf der Axe zunächst der Innenseite der Vorderwand des Kastens sind isolirt die beiden Contactstücke I und II aus Messing angebracht, welche mit den vier Federn 3, 4, 5 und 6 in einer Ebene liegen.

6

Isolirt von diesen Contactstücken, etwas mehr nach innen am Ende der Axe, und auf dieser durch eine Schraube mit isolirender Unterlage gehalten, befindet sich das mit 2 Spitzen versehene Contactstück III, welches zwischen den Federn 1 und 2 liegt.

Wenn der aussen liegende Handgriff mit der Axe gedreht wird, was nach beiden Seiten hin nur um einen Winkel von etwa 45° in Folge einer unter dem Handgriff angebrachten Hemmungsvorrichtung Statt finden kann, so vermag die Axe mit den Contactstücken drei verschiedene Stellungen zu den Federn 1—6 einzunehmen.

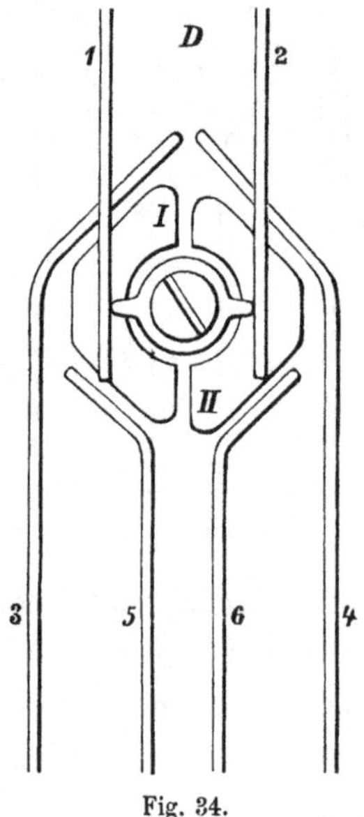

Fig. 34.

I. Stellung. Das mittlere Contactstück liegt gegen die Federn 1 und 2 an. Die Federn 3, 4, 5 und 6 liegen frei.

Die Zwischenstelle hat Durchsprechstellung.

II. Stellung. Das Contactstück I liegt gegen die Federn 3 und 4, das Contactstück II gegen die Federn 5 und 6 an. Die Federn 1 und 2 liegen frei. Das Vermittelungsamt kann mit der Zwischenstelle sprechen, die Endstelle kann die Zwischenstelle wecken.

III. Stellung. Das Contactstück I liegt gegen die Federn 3 und 5, das Contactstück II gegen die Federn 4 und 6 an. Die Federn 1 und 2 liegen frei. Die Zwischenstelle kann mit der Endstelle sprechen, das Vermittelungsamt kann die Zwischenstelle wecken.

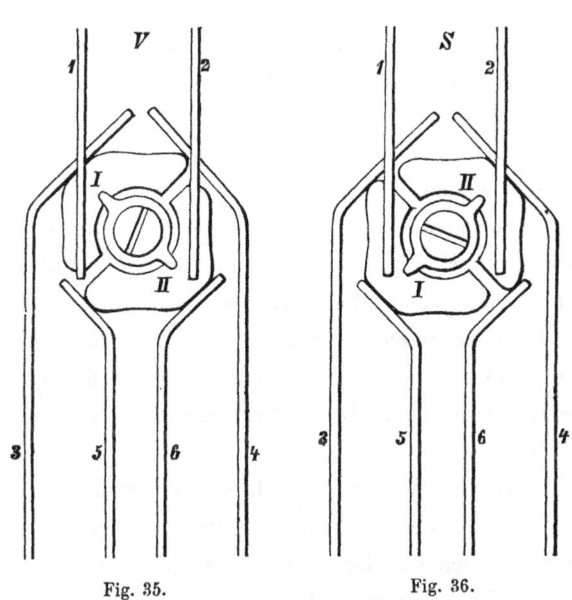

Fig. 35.   Fig. 36.

Bei Vergleichung der drei Stellungen mit der Stellung der Kurbel in den Figuren 32 und 37 ist festzuhalten, dass die Lage der Contactstücke zu den Federn so gezeichnet ist, wie sie von der Innenseite des Apparates aus gesehen erscheint.

6*

Damit eine zu grosse Drehung des aussen an der Vorderwand des Apparatsystems befindlichen Handgriffes vermieden
wird, ist unter dem Handgriff (Figur 37) eine Hemmungs-

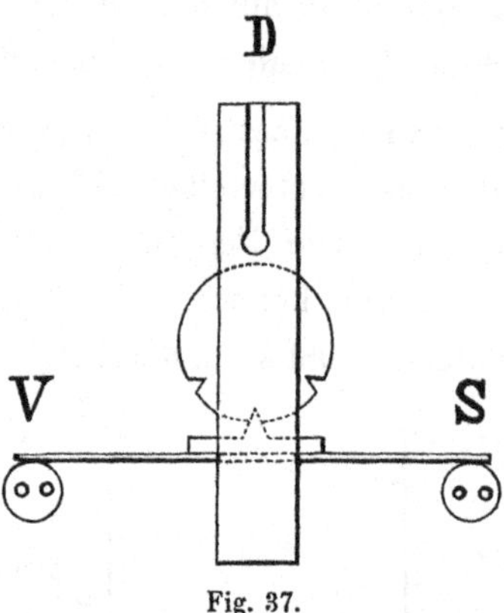

Fig. 37.

vorrichtung angebracht. Ueber zwei kleinen in die Vorderwand eingelassenen Stiften und mit diesen verbunden, liegt
eine Feder, welche ein flaches Stahlstück mit einem keil-
förmigen Zahn trägt. Eine auf der Axe sitzende Scheibe
hat drei nahe zusammenliegende Ausschnitte in Dreiecksform
an ihrem Umfange. Steht die Kurbel, wie in der Figur 32
auf Durchsprechstellung D, so liegt der Zahn der Feder in
dem mittleren Ausschnitt.

Dreht man den Handgriff nach rechts herum mit einiger
Kraft, so gleitet der Zahn des federnden Bügels in Folge
des Herunterdrückens der Feder aus dem Ausschnitt und
schnappt in den folgenden Ausschnitt ein. Dann liegt die
Kurbel auf S, und die Zwischenstelle kann mit der Endstelle sprechen (Stationsstellung). Wollte man den Handgriff noch weiter nach rechts herumdrehen, so lässt der
rechts liegende Ausschnitt der Scheibe dies nicht zu, weil
der Ausschnitt nach oben gerade und scharf in die Axe

eingeschnitten ist und die Feder nicht über diese Fläche
herüberzugleiten vermag. In ähnlicher Weise wird verhindert,
dass die Feder nicht über den linksseitigen Ausschnitt
herübergleiten kann, die äusserst zulässige Stellung daher
auf V (Vermittelungsamt, II. Stellung) zeigt. Die Drehung
der Axe erfordert zwar einige Kraftanstrengung, jedoch muss
man sich vor einer zu starken Drehung nach rechts oder
links hüten, weil sonst entweder die Feder oder der Handgriff zerbrechen kann.

bb) Das Relais.

Ein Electromagnet, mit den Schenkeln s und e, von
denen nur e mit Draht umwickelt ist, ist auf der Platte p
befestigt. Ueber dem Magneten liegt der Anker a, welcher

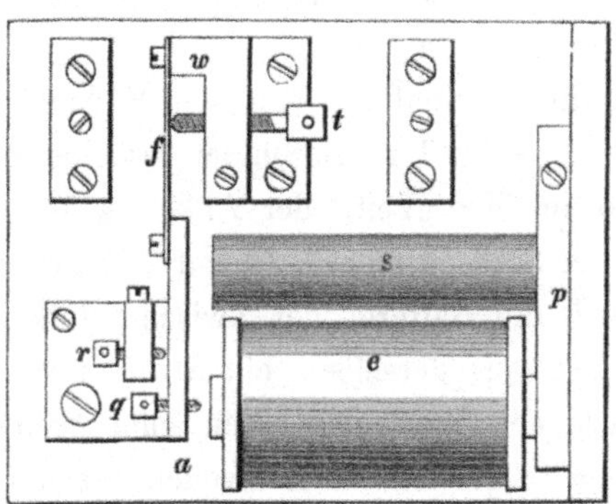

Fig. 38.

am einen Ende von der an dem Winkel w angeschraubten
Blattfeder f getragen wird und mittels dieser leicht auf und
abschwingen kann. Die Lage des Ankers a wird durch die
Stellschrauben r und q begrenzt, während die Schraube t
die Spannung der Feder f regelt. —

Die zweite Schutzvorrichtung sowie der besondere Wecker sind bereits Seite 70 u. 74 erläutert.

cc) Der Stromlauf.

Der Stromlauf für die verschiedenen Thätigkeiten des Zwischenapparates je nach Stellung der Contactstücke ist in nachfolgender Figur erläutert.

I. Stellung. Das Contactstück III berührt die Federn 1 und 2. (Durchsprechstellung D).

Der vom Vermittelungsamt durch L_1 kommende Strom geht über die Schutzvorrichtung S_1, über Klemme x zum Relais R, umkreist den Electromagneten, gelangt über y zur Feder 1, über das zwischenliegende Contactstück zur Feder 2, zur Schutzvorrichtung S_2 und über Klemme L_2 in die Leitung zur Endstelle. Die Endstelle kann mit dem Vermittelungs-Amt sprechen.

Wird in dieser Stellung von der Endstelle oder vom Vermittelungs-Amt der Batteriecontact geschlossen, so gelangt das Relais R in Thätigkeit, der Anker geht abwärts und schlägt mit der Stellschraube q (Figur 38) gegen den Kern. Dadurch wird die Batterie der Zwischenstelle geschlossen und es gelangt aus derselben ein Strom über Klemme B, über den Kern des Electromagneten zum Anker und über den Winkel w (Figur 38) zum zweiten Wecker W_2. Die Zwischenstelle hört demnach das für die Endstelle bestimmte Signal.

II. Stellung. Das Contactstück I liegt gegen die Federn 3 und 4, das Contactstück II gegen die Federn 5 und 6. In der Figur ist dies durch Striche zwischen den Federn bezeichnet. Die Federn 1 und 2 liegen frei.

Das Vermittelungs-Amt kann mit der Zwischen-

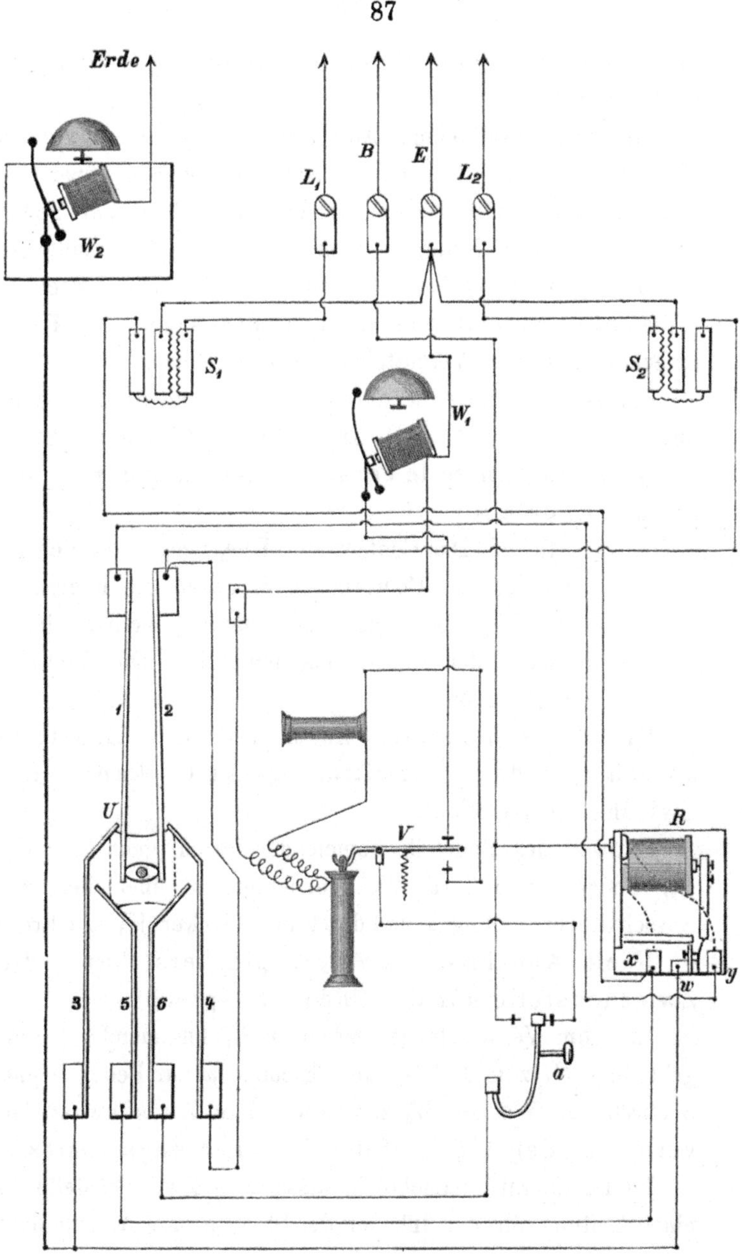

Fig. 39.

stelle sprechen, die Endstelle kann die Zwischenstelle wecken.

Ein vom Vermittelungs-Amt ausgehender Strom kommt über L_1, S_1 zur Klemme x des Relais, gelangt über die Feder 5 und das zwischenliegende Contactstück zur Feder 6, zur Weckvorrichtung a, über diese zur Ausschaltevorrichtung V, zum Wecker W_1 und zur Erde. Die Zwischenstelle wird geweckt und kann nach Abnahme des Fernsprechers mit dem Vermittelungs-Amt sprechen.

Ein von der Endstelle durch L_2 kommender Strom geht über S_2 zur Feder 4 und 3, zum Wecker W_2 und zur Erde.

Die Zwischenstelle vernimmt demnach den Weckruf der Endstelle.

III. Stellung. Das Contactstück I liegt gegen die Federn 3 und 5, das Contactstück II gegen die Federn 4 und 6 an, wie in der Figur durch punctirte Linien zwischen den Federn angedeutet ist. Die Federn 1 und 2 liegen frei.

Die Zwischenstelle kann mit der Endstelle sprechen, das Vermittelungs-Amt kann die Zwischenstelle wecken.

Ein von der Endstelle kommender Strom geht über L_2, S_2, Feder 4 und 6 zur Weckvorrichtung a, über diese zur Ausschaltevorrichtung V und durch den Wecker W_1 zur Erde.

Nach Abnahme des Fernsprechers kann die Zwischenstelle mit der Endstelle sprechen.

Ein vom Vermittelungs-Amt über L_1 kommender Strom geht über S_1 zum Relais, über Klemme x zur Feder 5 und 3 durch den Wecker W_2 zur Erde. Die Zwischenstelle vernimmt den Weckruf des Vermittelungs-Amtes.

Es ist hieraus ersichtlich, dass eine Zwischenstelle in einer Leitung für den Inhaber der Stelle grosse Annehmlichkeiten hat. Er kann mit dem Vermittelungs-Amt verkehren, ohne dass die Endstelle etwas davon vernimmt und umgekehrt, trotzdem kann er von der nicht benutzten Seite der Leitung geweckt werden.

Mit diesen Vortheilen ist aber auch der Umstand verbunden, dass man stets genau auf die Stellung seines Umschalters achten muss und dass man auch bei der Durchsprechstellung D stets das für die Endstelle bestimmte oder von dieser gegebene Signal mithört.

Viertes Kapitel.

Das Vermittelungsamt.

1. Die Einführung.

Die Einführung der Leitungen in das Vermittelungsamt geschieht mittels vieradriger Bleirohrkabel.

Die Leitungen werden auf dem Dache des Vermittelungsamtes an Gestängen, welche mit Trägern aus doppeltem Winkeleisen und Stützen mit lappenförmigen Ansätzen versehen sind (Seite 30) abgespannt.

An diesen Gestängen erfolgt die Verbindung der oberirdischen Leitungen mit den einzelnen Adern der Bleirohrkabel. Zur Herabführung der Kabel bis in das als Vermittelungsamt dienende Zimmer wird vom Dache aus ein geräumiger Holzschacht geführt, welcher auf dem Dache in einen thurmartigen Aufsatz von geringer Höhe, mit einem abhebbaren Deckel versehen, endet.

Wenn irgend möglich, werden um diesen kleinen Einführungsthurm herum die Abspann-Gestänge in der Nähe des Thurmes gruppirt.

Von dem Einführungsthurm aus läuft nach jedem Gestänge eine Holzrinne mit einem durch Schrauben zu befestigenden Deckel, in welche die Bleirohrkabel bis zu den Gestängen verpackt werden. Die Holzrinne endet am Gestänge am mittelsten oder zweiten Träger in eine horizontale, an dem Träger befestigte gleichartige Rinne. Aus dieser Rinne treten die einzelnen Adern der Bleirohrkabel aus eingebohrten Oeffnungen heraus und führen zur oberirdischen Leitung, wo dieselben unter Verwendung einer Schutzglocke (Seite 54) mit den Leitungen verbunden werden.

Die Rinnen werden mit Schlackenwolle gut ausgefüllt, um die Kabel gegen Wärme zu schützen.

Da die Bleirohrkabel ausserordentlich biegsam sind, so lassen sich dieselben von dem Einführungsthurm in jeder Richtung zu den Gestängen heranführen.

Dies ist besonders für solche Fälle sehr wesentlich, in denen es nicht möglich erscheint, die zu Abspannungen dienenden Gestänge bis ziemlich nahe an den Einführungsschacht heran zu rücken, sodass die Kabel nach einer entfernten Ecke des Daches geführt werden müssen.

In dem Schacht werden die einzelnen Kabel gut geordnet nebeneinander von einer quer liegenden Klemmleiste aufgenommen.

Mündet der Schacht in dem unter dem Dach liegenden Vermittelungsamt, sodass er keine bedeutende Länge besitzt, so wird er recht geräumig gemacht, um desto eher eine übersichtliche Anordnung der Kabel zu ermöglichen.

Beim Austritt des Schachtes in das Vermittelungsamt können dann die Kabel in Klemmleisten, welche mit eisernen

Trägern an der Decke aufgehängt sind, aufgenommen und bis zu den Klappensystemen fortgeführt werden.

Eine derartige Einführung ist in der Figur 40 in der Oberansicht, in der Figur 41 im Durchschnitt dargestellt.

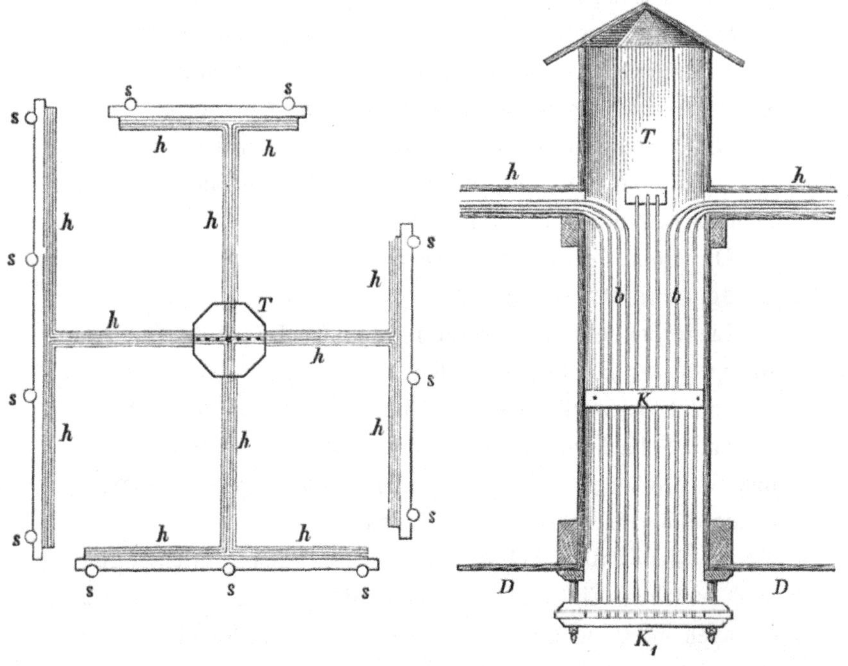

Fig. 40.　　　　　　　　　　Fig. 41.

Die Bleirohrkabel $b\,b$ sind von den Abspanngestängen $s\,s$ aus durch die Holzrinnen h in den Schacht T eingezogen und werden hier zunächst von der Klemmleiste K gehalten. An der Decke D des Zimmers nimmt die Kabel die von zwei Trägern gehaltene Leiste K_1 auf. Von dieser Leiste aus werden die Kabel parallel mit der Decke event. unter Verwendung weiterer Träger bis zu dem Klappensystem herangeführt.

Den über dem Dache hervorragenden Theil des Schachtes sowie den abhebbaren Deckel bekleidet man mit einem Zinküberzug. Wenn das Vermittelungsamt unmittelbar unter dem Dache liegt, so ist durch den Schacht zugleich ein gutes Mittel zur Ventilation des Zimmers geboten, was besonders in dem Falle benutzt werden kann, wenn das Zimmer so liegt, dass durch Oeffnen der Fenster von aussen störendes Nebengeräusch eindringt. Man braucht nur in dem oberen Theil des Schachtes ein oder mehrere kleine jalousieartige Vorrichtungen anzubringen, welche vom Zimmer aus auf und niedergelassen werden können.

Die Höhe des über dem Dache emporragenden Aufsatzes beträgt etwa 0,5 — 1 m.

Liegt das Vermittelungsamt nicht im Dachstock des Hauses, so muss zur Herabführung der Kabel bis in das in einem tieferen Stockwerk belegene Zimmer der auf dem Dache stehende Schacht von dem Bodenraum aus durch eine passende und im Gebäude (z. B. im Lichthof) entsprechend anzubringende Holzrinne fortgeführt werden.

In allen Fällen müssen die zu treffenden Einrichtungen den örtlichen Eigenthümlichkeiten sich anpassen, weshalb es auch nicht möglich ist, eine allgemeine Regel für die Herstellung der Einführung zu geben.

Das vorhin Angeführte lässt sich wohl auf einem flachen oder ziemlich flachen Dach einrichten, würde aber für ein spitzes Giebeldach nicht angebracht erscheinen.

Hier wäre es zweckmässiger, etwa zu beiden Seiten der Dachfirst 3—4 Rohrständer auf dem Dach in entsprechender Höhe aufzustellen und dann unter Benutzung dieser im Quadrat oder länglichen Viereck stehenden Rohrständer über der First eine Plattform zu bilden, welche in ihrer Mitte den Einführungsthurm trägt. Die Rohrständer, welche zugleich

die Träger der Plattform bilden können, dienen als Abspann-
gestänge und müssen in entsprechender Weise rückwärts am
Dachgebälk mittels Anker, welche durch die Plattform durch-
greifen, gehalten sein.

2. Das Klappensystem.

Das Klappensystem ist derjenige Apparat, welcher
jedem Theilnehmer der Fernsprecheinrichtung es ermöglicht,
das Vermittelungsamt zu wecken und sich mit demselben
zu verständigen, welcher ferner dazu dient, in schneller und
sicherer Weise zwei beliebige Leitungen miteinander zu verbinden.

Zu dem erstgenannten Zweck muss das Klappensystem
für jede einzelne Leitung einen besondern Electromagneten
enthalten, welcher durch den von einer Fernsprechstelle in
die Leitung entsendeten Strom in Thätigkeit gesetzt wird
und ein leicht sichtbares und auch hörbares Signal giebt.

Das Klappensystem ist in der Figur 42 in der Vorderansicht, jedoch nur schematisch, dargestellt.

Auf einem Untersatz U, welcher zugleich als Batterieschrank (in der Figur ist die eine Hälfte offen) dient, steht
ein 1,06 m hoher, 0,66 m breiter und 0,13 m tiefer schrank-
artiger Aufsatz.

Dieser Aufsatz ist durch Querleisten derart eingetheilt,
dass fünf Längsfächer zur Aufnahme der vorerwähnten
Electromagnetsysteme gebildet werden. Auf die obere und
untere Leiste eines solchen Längsfaches ist eine schmale
Eisenschiene n aufgeschraubt.

Der von diesen Schienen freigelassene Raum ist durch
kleine senkrechte flache Schienen in 10 Fächer abgetheilt,
so dass in jeder Längsreihe 10 Electromagnetsysteme neben
einander in den Untersatz auf Holzleisten eingeschoben werden

können. Jedes Electromagnetsystem wird durch eine eiserne
Scheibe p abgeschlossen, welche auf ihrer Vorderseite die
Nummer des Electromagnetsystems trägt. Mittels dieser Ab-

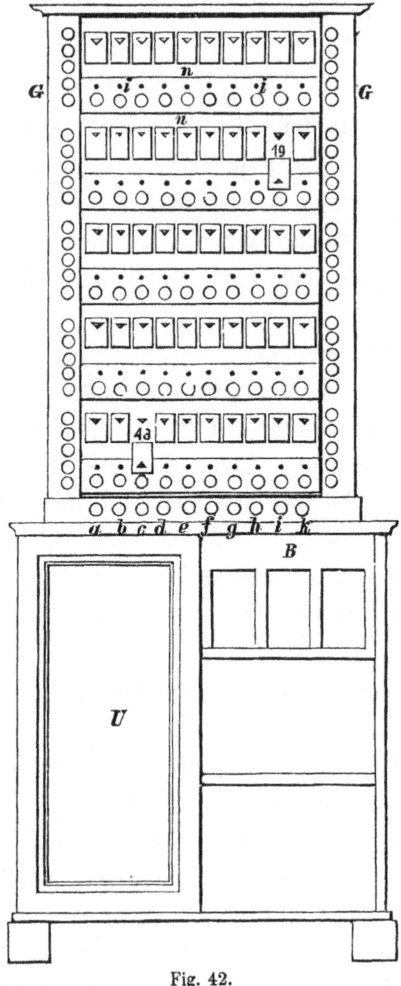

Fig. 42.

schlussscheibe wird das System auf dem Einfassungsrahmen,
des Faches durch drei Schrauben festgehalten. Die Nummern

beginnen bei jedem Klappensystem oben links und laufen in jeder Reihe von links nach rechts weiter, sodass die letzte unterste Scheibe die Nummer 50 bzw. 100, 150 etc. trägt. Die Tafel mit der fortlaufenden Nummer wird durch eine Klappe verdeckt, welche mit ihrem untern Rande in einem an der Abschlussscheibe p befindlichen Charnier c hängt und oben durch ein kleines aus einer Durchbohrung der Platte p hervortretendes Häkchen festgehalten wird (Figur 43). Dieses

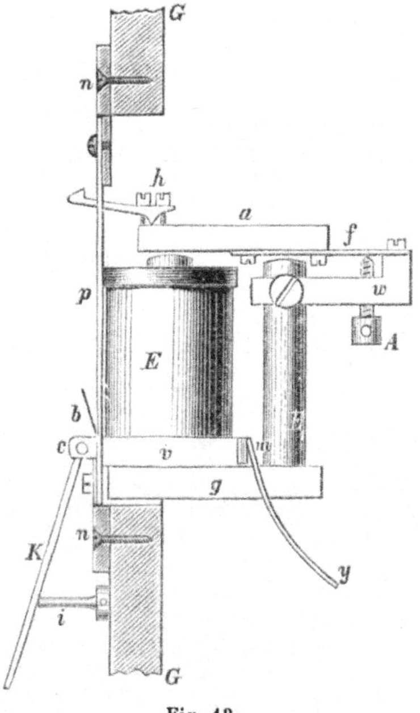

Fig. 43.

Häkchen bildet den Fortsatz des Magnetaukers. Unterhalb der Eisenschienen nn sind in die hölzerne Querleiste G Messingstifte ii eingeschraubt, auf welche die Platte K beim Abfallen aufstösst.

Unterhalb dieser Stifte hat die Holzleiste G für jede

Nummer eine mit Messingfutter versehene Bohrung, welche mit gleicher Nummer, wie die Platte selbst bezeichnet ist. Seitlich an dem Holzrahmen des Klappensystems befinden sich auf jeder Seite 25 gleichartige Bohrungen, welche gleichfalls die Nummern 1—50 bzw. 51—100, 101—150 etc. tragen, jedoch in der Art, dass die Löcher auf der einen Seite mit den ungeraden, auf der andern Seite mit den geraden Zahlen bezeichnet sind.

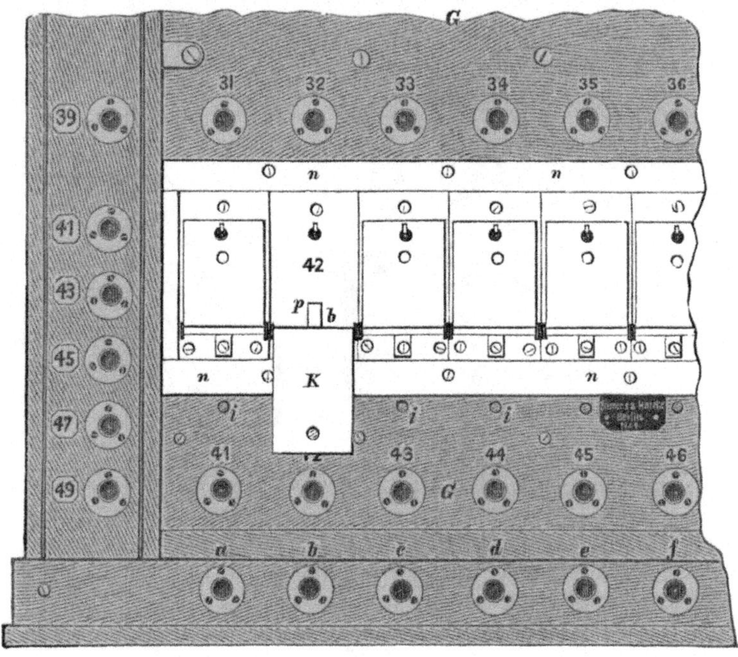

Fig. 44.

Der Zweck dieser Vorrichtungen wird weiterhin erläutert werden. Das in ein Fach eingeschobene Electromagnetsystem ist in Figur 43 in der Seitenansicht dargestellt. Die Figur 44 zeigt die linke untere Ecke des Klappensystems in $^1/_4$ der natürlichen Grösse.

Auf der eisernen Grundplatte g (Fig. 43) ist die Holzplatte v mit dem Electromagneten E, dessen einer Schenkel E mit isolirtem Kupferdraht umwickelt ist, während der andere Schenkel E_1 freisteht, festgeschraubt. Die Grundplatte g ist mit einem vorgelegten Eisenwinkel durch eine an der unteren Seite der Platte p befindliche Schraube mit p fest verbunden.

Die beiden Enden der Umwindungen des Electromagneten sind an kleine, von der Platte g durch einen Zwischenraum isolirte und an die Holzplatte v geschraubte Messingplättchen m befestigt. In der Figur 43 ist nur das eine dieser Plättchen m sichtbar.

An dem nicht umwickelten Kern E_1 ist der Messingwinkel w befestigt, welcher gabelförmig den Kern E_1 umfasst und an diesem festgeschraubt ist. Auf dem hintern nach oben stehenden kurzen Schenkel des Winkels ist eine Blattfeder f aufgeschraubt, die ihrerseits wieder durch zwei Schrauben den Anker a festhält. Auf der oberen Fläche des Ankers ist der kleine eiserne Hebel h mittels zwei Schrauben aufgesetzt. Das Ende des Hebels bildet einen Haken.

Der Haken ragt durch eine Oeffnung der das Electromagnetsystem abschliessenden Platte p, welche die laufende Nummer des Systems auf ihrer Vorderseite trägt. K ist die um das Charnier bewegliche Platte, welche in der Figur herunterhängt und auf dem Stift i aufliegt.

Hebt man die Platte K in die Höhe, so fasst der Haken von h durch eine Oeffnung der Platte K und hält, indem h durch die mittels der Schraube A von unten angedrückte Feder f nach oben federt, die Platte K mit der Nase des Hakens fest. So lange der Hebel a in dieser Lage bleibt, lässt der Haken die Platte K nicht los. Fliesst aber ein electrischer Strom durch die Umwindungen von E, so zieht der Electromagnet den Anker a an, der Hebel mit dem Anker senkt sich etwas, und die Nase des Hakens lässt die Platte K los.

Dann muss die Platte K theils in Folge ihres eigenen Gewichtes, theils durch den auf sie am unteren Theile ausgeübten Druck einer Blattfeder b herabfallen und so die auf der Platte p stehende Nummer ersichtlich machen.

Das Vermittelungsamt hat dadurch ein Zeichen erhalten, dass die der Nummer entsprechende Fernsprechstelle der Leitung mit dem Amt in Verkehr treten will.

Zum weitern Verständniss der Art und Weise, in welcher dieser Verkehr vermittelt wird, ist die Kenntniss der Verbindung zwischen einer Leitung und dem Electromagnetsystem erforderlich. Diese Verbindung soll die nebenstehende Figur 45 schematisch erläutern:

Auf der obern Kante des Klappensystems ist für jede Leitung eine kleine Klemme L vorhanden, an welche die eingeführte Leitung befestigt ist. Im Innern des Systems ist hinter jedem mit einer Nummer bezeichneten Loch (sowohl bei dem seitlich liegenden als auch bei dem unter jeder Klappe befindlichen Loch), welches zum Einsetzen eines Stöpsels dient, eine sog. Ausschaltevorrichtung angebracht. Dieselbe besteht, wie in der Figur 43 ersichtlich ist, aus einer winklig gebogenen Schiene und einer flachen über der ersten liegenden Messingfeder. Beide Vorrichtungen sind mit ihrem einen Ende in dem Schrank am Holz festgeschraubt. Ist in das zugehörige Loch kein Stöpsel eingesetzt, so ruht die Feder auf dem Rand der Schiene.

Wird jedoch in das Loch der in Figur 46 abgebildete Stöpsel eingesetzt, so hebt der in den Handgriff eingelassene Messingstift d die Feder von der Schiene ab. Der Messingstift d ist, solange der Stöpsel in dem Loche steckt, mit der

Feder in leitender Berührung, während die Schiene isolirt
liegt. An dem Stöpsel ist eine aus Drahtgeflecht hergestellte
und mit Baumwolle umsponnene sehr biegsame Schnur —

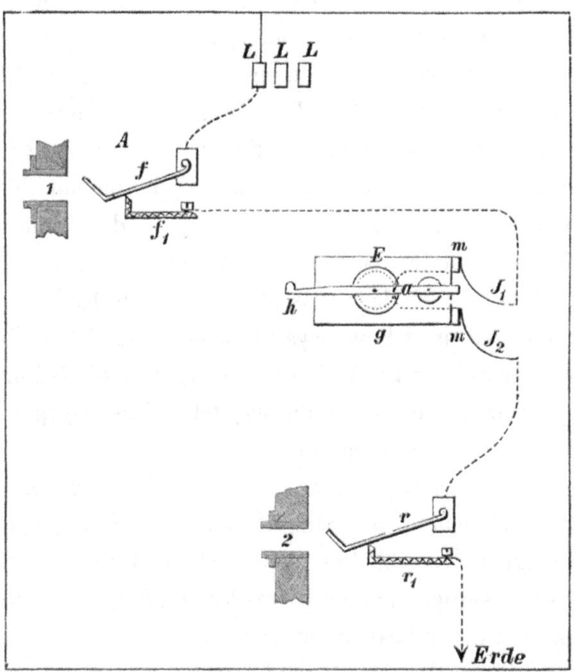

Fig. 45.

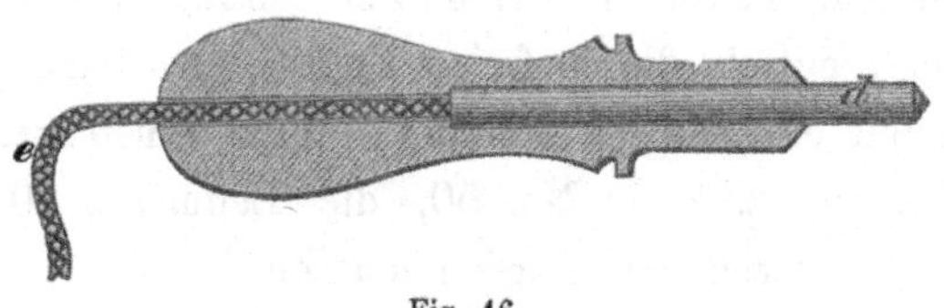

Fig. 46.

sog. Leitungsschnur — so befestigt, dass sie mit dem Stifte d
in gut leitender Verbindung steht. Man denke sich nun einen
solchen mit einer Leitungsschnur versehenen Stöpsel durch

7*

das Stöpselloch 1 gesteckt, sodass f mit der Leitungsschnur in Verbindung steht, f_1 aber isolirt liegt. Dann hat man mit der Leitungsschnur das freie Ende der Leitung in der Hand. Ganz dasselbe ist der Fall, wenn man den Stöpsel in das Loch 2 steckt. Da f und f_1 aufeinanderliegen, wenn kein Stöpsel steckt, so bleibt eine ununterbrochene Verbindung mit der Leitung über L, f, f_1 zum Electromagneten e durch dessen Umwindungen zur Feder r und von dieser auf den eingesetzten Stöpsel. Man hat wiederum mit der Leitungsschnur das freie Ende der Leitung in der Hand.

Der zwischen den beiden Stöpselungen bestehende Unterschied ist ersichtlich der, dass beim Einsetzen des Stöpsels in ein seitwärts am Klappensystem befindliches Loch die Leitung mit der Schnur verbunden ist, ohne dass die Leitung mit dem Electromagneten in Berührung steht, dass dagegen beim Einsetzen des Stöpsels in das unter einer Klappe befindliche Loch die Leitungsschnur so mit der Leitung verbunden ist, dass zwischen der Schnur und der Leitung noch der Electromagnet eingeschaltet bleibt. Dieser Unterschied muss festgehalten werden, um ein klares Verständniss des Betriebes auf dem Vermittelungsamt zu gewinnen.

Es ist hiernach einleuchtend, dass, sobald z. B. in das Stöpselloch No. 10 ein Stöpsel mit einer Schnur eingesetzt wird und man hiermit das Ende der Leitung 10 frei zur Verfügung hat, mittels dieses freien Endes, wenn sich an demselben auch ein Stöpsel befindet, durch Einstecken in ein anderes Loch, z. B. in No. 50, die Leitungen 10 und 50 mit einander verbunden werden müssen.

Steckt man die beiden Stöpsel der Schnur in die unter den Klappen befindlichen Stöpsellöcher 10 und 50, so sind beide Leitungen unter Einschaltung der Electromagnete verbunden, steckt man dagegen den einen Stöpsel nicht in das Loch unter der Nummernklappe, sondern in das an der rechten oder linken Seite des Klappensystems befindliche, mit derselben Nummer bezeichnete Loch, so ist der betreffende Electromagnet der Nummer ausgeschaltet.

Da nun bei Verbindung von Leitungen es nicht zweckmässig ist, den Widerstand von zwei Electromagnetumwindungen einzuschalten, so steckt man einen Stöpsel stets zur Seite des Klappensystems in das correspondirende Loch. Hierbei gilt der Grundsatz, dass niemals der Electromagnet derjenigen Nummer ausgeschaltet wird, in deren Leitung das Ersuchen an das Vermittelungsamt gestellt wurde, mit einer andern Nummer verbunden zu werden, sondern nur derjenige Electromagnet der zur Verbindung gewünschten Leitung. Der Grund dieser Regel ist Seite 123 näher erläutert.

Damit das Vermittelungsamt selbst in sämmtlichen Leitungen sprechen und die Wünsche der verschiedenen Theilnehmer entgegennehmen kann, ist ein leicht einzuschaltender Sprechapparat erforderlich.

Dieser Apparat (ohne Wecker), jedoch sonst genau so eingerichtet, wie die früher beschriebenen Systeme für Endstellen, hängt in Ohrhöhe neben dem Klappensystem und ist mit demselben verbunden, indem von der Feder der hinter dem Loche *a* liegenden Ausschaltevorrichtung (Fig. 44) ein isolirter Draht nach der Leitungsklemme oben auf dem Kasten des Fernsprechers fährt. Der eine Pol der unter dem Klappensystem in dem Untersatz aufgestellten Batterie führt zur Batterieklemme des Sprechsystems, während der andere Pol der Batterie an Erde liegt. Die Erdklemme des Apparates ist mit der gemeinschaftlichen Erdleitung des Vermittelungsamtes in leitende Verbindung gebracht.

Wird der Apparat durch eine Leitungsschnur mit irgend

einer Leitung verbunden, so bildet das System eine Endstelle, und es kann vom Apparat aus sowohl ein Weckstrom in die Leitung geschickt, als auch gesprochen werden. Wird z. B. in das Stöpselloch 10 der eine Stöpsel einer Schnur, der andere Stöpsel dagegen in das Loch a eingesetzt, so steht die Leitung 10 durch die Schnur, die obere hinter dem Loche a liegende Feder mit dem Sprechapparat in leitender Verbindung, und es kann dann mittels des Sprechapparates mit dem Inhaber der Leitung 10 correspondirt werden.

In ähnlicher Weise wie die Vorrichtung des Stöpselloches a mit einem Sprechapparat, ist die Vorrichtung bei b mit einem Apparat zum Aufnehmen von Nachrichten (siehe Seite 112), die Vorrichtung c mit einem Controlfernsprecher verbunden, wie später näher erläutert ist. Es bedarf nur der Verbindung dieser Vorrichtungen mit irgend einer Nummer des Klappensystems mittels einer Leitungsschnur, um den betreffenden Apparat in die Leitung einzuschalten.

Hinter den mit a bis k (Figur 42) bezeichneten Löchern des Klappensystems liegen sämmtlich Ein- und Ausschaltevorrichtungen gleicher Art zum Zweck der Einschaltung von Apparaten.

Zu bemerken ist noch, dass die Schienen r der Vorrichtungen unter den Nummerklappen (Figur 45), welche sämmtlich mit der Erde in Verbindung stehen, in der Weise an Erde liegen, dass für jede Reihe von Nummern eine gemeinschaftliche Erdschiene im Innern des Systems sich befindet, mit welcher die unteren Federn r verbunden sind.

Die Verbindungsdrähte im Innern des Klappensystems sind aus isolirten (Guttapercha-) Drähten hergestellt und in übersichtlicher Weise angeordnet.

Bei einem kleineren Vermittelungs-Amt kann der Fall

vorkommen, dass der dasselbe bedienende Beamte zeitweise ausserhalb des Zimmers, worin das Klappensystem befindlich ist, sich aufhalten muss. Um auch für diesen Fall, sowie bei etwaigem Nachtdienst, dem Beamten ein Signal durch jede Leitung geben zu können, ist folgende Einrichtung getroffen:

Die eisernen Querschienen in dem Klappensystem, (Figur 44) welche oben und unten die eingesetzten Electromagnetsysteme begrenzen, sind mit einer auf dem oberen Rande des Systems liegenden Klemme verbunden. Die Messingstifte ii, auf welche die Klappen beim Niederfallen stossen und liegen bleiben, stehen mit einer zweiten Klemme oben auf dem Klappensystem in Verbindung.

Schaltet man zwischen diesen beiden Klemmen eine Batterie und einen Wecker ein, so wird, wenn eine Klappe niederfällt und auf dem Stift aufliegt, die Weckerbatterie geschlossen. Der Wecker ertönt so lange, bis die betreffende Klappe wieder gehoben und auf die Nase des Hakens geschoben ist. Die erste niederfallende Klappe bringt das Signal hervor, das Niederfallen weiterer Klappen hat dann keinen Einfluss mehr, was auch nicht erforderlich ist, da der Beamte schon beim Niederfallen einer Klappe das Signal erhält.

Um die leitende Verbindung der Klappen mit dem Messingstift zu sichern, trägt jede Klappe genau auf der Stelle, wo sie beim Anliegen den Stift berührt, ein kleines eingesetztes Messingplättchen.

3. Verbindung mehrerer Klappensysteme.

Die Verbindung mehrerer Klappensysteme untereinander geschieht mittels Leitungsschnüren, welche an den Endpunkten von Hülfsleitungen befestigt sind, die zwischen den zu verbindenden Systemen hergestellt werden.

Zur Herstellung der Hülfsleitungen kann man vieradrige Bleirohrkabel verwenden, welche von einem Klappensysteme zum andern in einer der Oertlichkeit entsprechenden zweckmässigen Weise an den Wänden fortgeführt und zum Schutz gegen Beschädigungen mit einer ausgekehlten Leiste verdeckt, bzw. auch in einem auf dem Fussboden dicht längs der Wand anliegenden schmalen Holzkasten verlegt werden.

Die Verbindung der einzelnen Kabeladern mit den Leitungsschnüren findet an Klemmleisten statt, welche neben den Klappensystemen in der Höhe der Oberkante derselben befestigt sind.

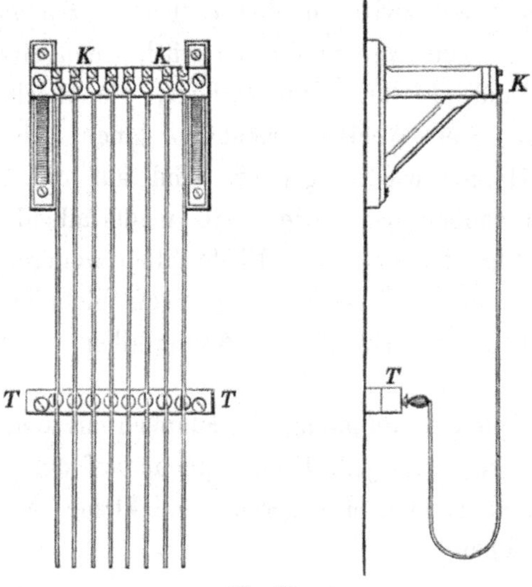

Fig. 47.

Um die Leitungsschnüre bequem handhaben zu können, hängen sie in demselben Abstand von der Wand, in welcher sich die Vorderseite des Klappensystems befindet

(also etwa 13—14 cm). Es ist deshalb zweckmässig, Klemmleisten anzuwenden, wie solche in der Figur 47 in der Vorderansicht und in der Seitenansicht dargestellt sind.

Die an den aufgeschraubten Klemmen K befestigten
Leitungsschnüre mit einem Stöpsel würden, wenn man sie
frei herunterhängen liesse, sehr bald sich verschlingen und
dadurch den Gebrauch behindern. Um dies zu vermeiden,
sind in passender Entfernung unterhalb der Klemmleisten,
Stöpselleisten T wie sie die Figur 47 andeutet, angebracht,
in deren genau ausgebohrte Löcher die Stöpsel hineingesteckt
werden.

Die Klemmleisten und die Stöpselleisten sind für je
8 Klemmen bzw. Stöpsel hergestellt, da diese Grösse sehr
gut bei allen Combinationen zu verwenden ist.

a) Die Verbindung von **zwei** Klappensystemen.

Auf einem mit zwei Klappensystemen von je 50 Klappen
auszurüstenden Vermittelungs-Amt werden die beiden Systeme
so weit auseinander gestellt, dass zwischen denselben noch
ein Sprechapparat und zu beiden Seiten neben diesem Apparat je eine Klemmleiste mit 8 Klemmen für die Leitungsschnüre angebracht werden kann, wie es in Figur 48 angedeutet ist. Die Verbindung der correspondirenden Klemmen
erfolgt durch zwei vieradrige Bleirohrkabel, welche oberhalb
der Klemmleisten an der Wand entlang geführt werden
können.

Ausser dem zwischen den beiden Systemen hängenden
Sprechapparat, ist noch je ein solcher Apparat neben jedem
System an der Wand befestigt. Diese beiden an den äussersten Seiten der Klappensysteme hängenden Sprechapparate
sind mit den rechts bzw. links an beiden Systemen liegenden
äussersten unteren Ein- und Ausschaltevorrichtungen ver-

bunden, während der zwischen den Systemen hängende Sprechapparat mit der ihm zugekehrten unteren Ein- und Ausschaltevorrichtung eines jeden Systems verbunden ist, so dass der Apparat nach Belieben für jedes System benutzt werden kann.

Die Verbindung der Sprechapparate mit den Systemen ist in der Figur 48 punktirt.

Die Schnüre zwischen zwei Systemen werden in Verbindung mit den Kabeladern zweckmässig so gruppirt, dass die Reihenfolge von links oder rechts beginnend stets dieselbe ist, wie in der Figur 48 durch die Anordnung der Kabel ersichtlich wird.

Man könnte die Verbindungen zwischen zwei Klappensystemen auch in der Weise ausführen, dass man lose Leitungsschnüre von entsprechender Länge, welche über die beiden dicht neben einander zu stellenden Systeme reichen, verwendet. Diese Einrichtung hat jedoch den leicht eintretenden Nachtheil, dass bei gleichzeitig auszuführenden Verbindungen die an den Systemen herabhängenden losen Schnüre sich verwirren, was bei der vorbeschriebenen Einrichtung nicht eintreten kann.

b) Die Verbindung von mehr als zwei Klappensystemen.

Wenn mehr als zwei Klappensysteme in einem Raum oder in anstossenden Zimmern aufgestellt werden sollen, so gilt als Regel, dass jedes System von 50 Klappen mit jedem andern System von 50 Klappen durch mindestens 4 Hülfsleitungen zu verbinden ist.

Aus dieser Regel ergiebt sich, dass die Zahl der auf diese Weise zu verbindenden Klappensysteme ziemlich be-

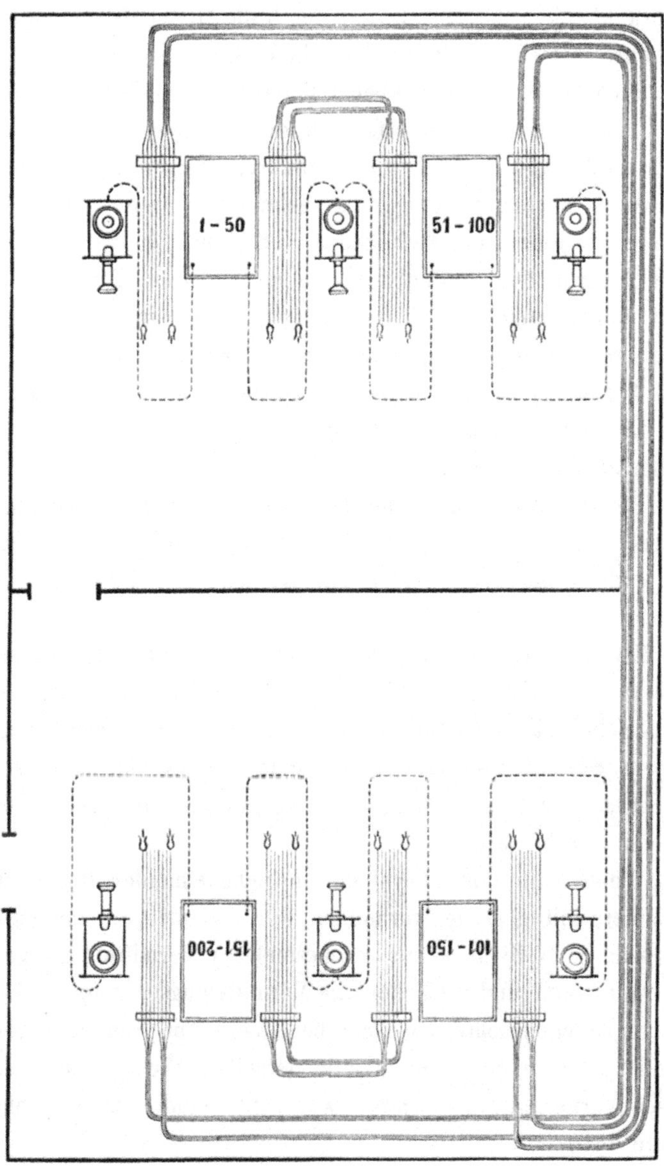

Fig. 48.

schränkt sein muss, wenn nicht durch die Menge der Leitungs-schnüre Verwirrungen im Stöpseln eintreten sollen.

Sind z. B. in zwei aneinanderstossenden Zimmern je 4 Systeme aufgestellt, so erfordern diese 8 Systeme für jedes System 6 mal 4 = 24 Leitungsschnüre, ausser den zwischen je zwei Systemen hängenden Schnüren. Denn da z. B. System 1 durch die zwischen 1 und 2 hängenden Schnüre mit 2 verbunden werden kann, so muss System 1 ausserdem mit den Systemen 3, 4, 5, 6, 7 und 8 verbunden werden können, demnach 24 Schnüre neben sich erhalten, welche auf 3 Leisten zu je 8 Klemmen vertheilt werden können.

Die Verbindung von 4 Systemen ist in der Figur 48 schematisch dargestellt.

Bei der Anordnung der Bleirohrkabel und der Schnüre muss eine von vornherein fest bestimmte und leicht zu behaltende Reihenfolge festgesetzt werden, um Irrthümer zu vermeiden.

Zweckmässig ist es, die Schnüre stets von der linken zur rechten Seite zu zählen und die Adern der Kabel mit den Schnüren demnach so zu verbinden, dass, wenn man einem System zugewendet ist, stets von je vier Schnüren die äusserste linke Schnur als erste gilt und nach rechts hin weiter gezählt wird.

Wenn mehr als 8 Systeme in nebeneinander liegenden Zimmern mit einander verbunden werden sollen, so empfiehlt es sich, je 8 Systeme als ein besonderes Vermittelungs-Amt zu betrachten und zwischen die Vermittelungs-Aemter Hülfs-leitungen einzurichten, welche beiderseits auf Nummern von zwei Systemen gelegt werden in derselben Weise, als wenn zwei Vermittelungs - Aemter weit auseinanderliegen (siehe Seite 113).

4. Der Controlapparat und Apparat zum Aufnehmen von Nachrichten.

a) Der Controlapparat.

Auf dem Vermittelungs-Amt muss die Möglichkeit vorliegen, einen Fernsprecher zwischen zwei Behufs der Correspondenz miteinander verbundene Leitungen einzuschalten, um die Betriebsfähigkeit der Leitungen jederzeit nicht allein für die einzelnen Leitungen prüfen zu können, sondern auch dann, wenn zwei verschiedene Leitungen miteinander verbunden sind.

Hierzu dienen die Controlapparate, Figur 49.

Auf dem mit einem kleinen Aufsatz versehenen Tisch sind auf dem obersten Brett des Aufsatzes 4 Ausschaltevorrichtungen A angebracht. Neben jeder Ausschaltevorrichtung befinden sich 2 Schutzvorrichtungen S, welche in der Figur der Uebersichtlichkeit wegen nur angedeutet sind. An dem Haken jeder Ausschaltevorrichtung hängt ein Fernsprecher F.

Die Verbindung des Fernsprechers mit den beiden Schutzvorrichtungen S_1 und S_2 sowie mit der Aus- und Einschaltevorrichtung A ist in Figur 50 dargestellt.

Die Hinüberschaltung zweier Leitungen geschieht in folgender Weise:

Es soll z. B. festgestellt werden, ob die miteinander verbundenen Nummern 1 und 10 noch in Correspondenz sind. Zu diesem Zweck wird die Einschaltevorrichtung unter der Nummer 1 durch eine Leitungsschnur mit der unten am Klappensystem vorhandenen Vorrichtung c und die zur Seite des Systems mit der Nummer 10 bezeichnete Vorrichtung (wo der Stöpsel der Leitungsschnur sich vorher befand, um den Electromagneten von 10 ausgeschaltet zu halten, siehe

Seite 101), durch eine zweite Leitungsschnur mit der unten
am System befindlichen Vorrichtung *d* verbunden. Durch
Einstecken von Stöpseln in diese unteren Löcher werden die

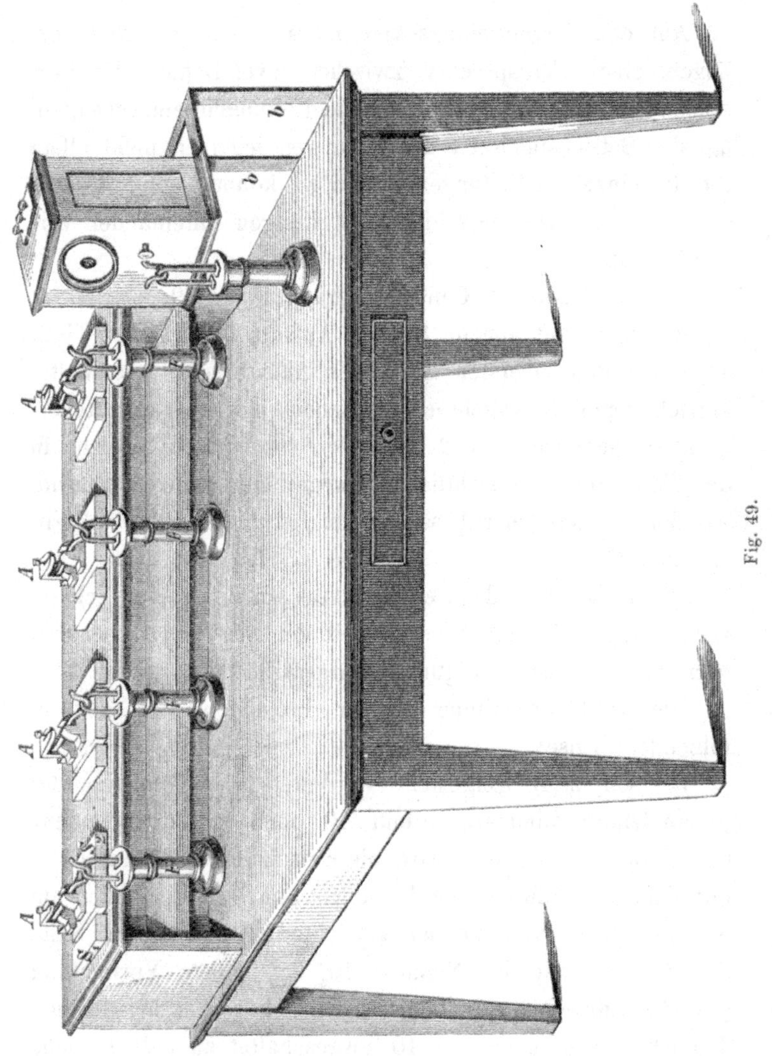

Fig. 49.

beiden Leitungen mit den Zuführungen zum Tisch in Verbindung gesetzt, indem der Stöpsel mit der im Innern liegenden Feder, welche mit einem nach dem Controltisch geführten Zuleitungsdraht in Verbindung steht, in Berührung kommt. (Siehe Seite 102.)

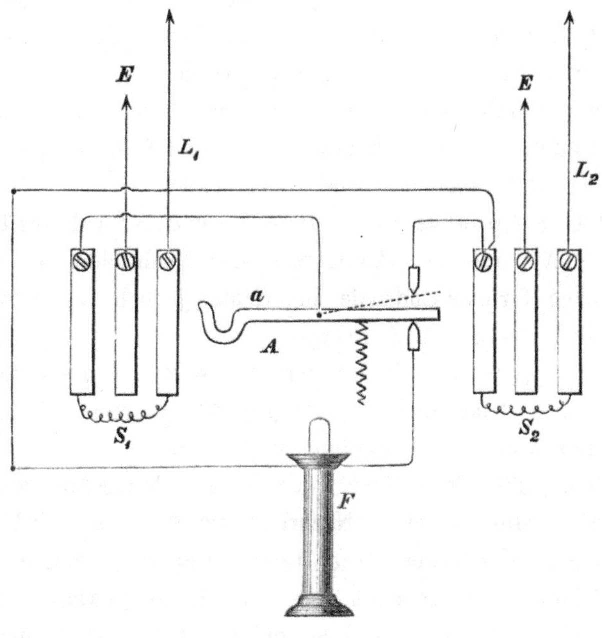

Fig. 50.

Die Leitung der Nummer 1 — L_1 — liegt nunmehr an der Schutzvorrichtung S_1, die Leitung der Nummer 10 — L_2 — an der Schutzvorrichtung S_2.

Wenn auch der Fernsprecher am Haken hängt und dadurch der Hebel gegen den oberen Contact anliegt, so sind die Leitungen doch miteinander verbunden, denn der Strom aus der ersten Leitung L_1 findet seinen Weg über S_1, a, den Hebel, den oberen Contact, S_2 nach L_2. Die

Correspondenz der beiden Leitungen wird demnach nicht gestört.

Wird der Fernsprecher abgenommen und der Hebel liegt auf dem unteren Contact, so findet der Strom seinen Weg aus L_1 über S_1, den Hebel a, den unteren Contact, durch den Fernsprecher F, über S_2 in die Leitung S_2. Mittels des Fernsprechers kann somit die Betriebsfähigkeit der Leitung in beiden Zweigen geprüft werden.

Da ein Gebrauch der Controlapparate nicht sehr häufig Statt findet, so lässt sich gewöhnlich mit 4 Controlapparaten bei 100—200 Nummerklappen auskommen.

b) Der Apparat zum Aufnehmen der Nachrichten.

Der Apparat zum Aufnehmen der Nachrichten ist wie ein System für eine Endstelle eingerichtet, jedoch ohne Wecker und ohne Oesen zum Aufhängen.

Der Apparat ist mit der dem Stöpselloch *b* am unteren Rande des Klappensystems (Figur 44) correspondirenden Ein- und Ausschaltevorrichtung verbunden.

Wenn ein Theilnehmer das Vermittelungs-Amt weckt und die Aufnahme einer Nachricht verlangt, so wird die Leitung mittels einer losen Leitungsschnur, welche mit einem Stöpsel in das Loch unter der Nummernklappe, mit dem anderen in das Loch *b* am unteren Rande des Klappensystems einzusetzen ist, verbunden.

Der Apparat steht auf der rechten Seite des Controltisches. Zweckmässig wird derselbe so aufgestellt, dass der die Nachricht aufnehmende Beamte im Stande ist, sein rechtes Ohr an den festen Fernsprecher des Apparates und den am Apparat hängenden losen Fernsprecher an das linke Ohr zu legen. (Siehe Fig. 49.)

Wenn dann zugleich die Möglichkeit geboten werden soll, in dieser Stellung ungehindert zu schreiben, so muss der Apparat in einiger Höhe senkrecht über der Tischplatte, aber etwas schräge gegen die Richtung der Vorderkante des Tisches angebracht sein, damit der Schreibende seinen rechten Arm bequem unter dem Apparate bewegen und in der etwas gegen die Diagonale der Tischplatte geneigten Haltung sein rechtes Ohr gegen den festen Fernsprecher halten kann.

Dies ist zu ermöglichen, wenn an der rechten Zarge des Tisches auf einer starken Leiste zwei flache emporstehende und dann in entsprechender Höhe umgebogene Bügel *b b* aus Eisen angeschraubt werden, welche sich in ihrer Länge und Biegung der nothwendigen schrägen Richtung des Apparates anpassen, und auf welche der Apparat befestigt wird.

Die Vorrichtung hat den Vortheil, dass beim Anlegen des rechten Ohres der Apparat auf den Bügeln etwas zurückfedern kann und damit dem Kopfe eine bequeme, sich anschmiegende und doch feste Haltung gewährt.

5. Die Verbindung mehrerer Vermittelungs-Aemter.

Die Verbindung mehrerer auseinanderliegender Vermittelungs-Aemter geschieht durch eine Anzahl von Hülfsleitungen, welche auf beiden Aemtern an Nummernklappen geführt werden können.

Die Anzahl dieser Hülfsleitungen richtet sich nach der Höhe des Verkehres, welcher zwischen den an die beiden Vermittelungs-Aemter angeschlossenen Theilnehmern herrscht. In der Regel werden für je 100 Nummern 8—10 Hülfsleitungen genügen.

Zweckmässig erscheint es jedoch, wenn von vornherein bei Anlegung der Hülfsleitungen ein oder zwei Reservedrähte am Gestänge angebracht werden, damit bei eintretendem Bedarf eine weitere Leitung ohne Schwierigkeit in Benutzung genommen werden kann.

Eine dieser Hülfsleitungen kann zu dienstlichen Mittheilungen zwischen den beiden Vermittelungs-Aemtern benutzt werden, während die anderen Leitungen dazu dienen, um nach Bedarf zwischen je zwei nicht auf demselben Vermittelungsamt einmündenden Leitungen Verbindungen herstellen zu können.

6. Die Einrichtung einer Fernsprechstelle zu einem Privat-Vermittelungsamt.

Es kommt vor, dass ein Theilnehmer die Einrichtung mehrerer Fernsprechstellen wünscht, welche sowohl unter sich, als auch mit einer bestimmten Stelle (Hauptstelle) correspondiren können und mittels der Hauptstelle, welche an das Vermittelungsamt angeschlossen ist, auch zuweilen mit diesem in Verbindung treten sollen. Der Zweck könnte natürlich dadurch erreicht werden, dass sämmtliche Stellen an das Vermittelungsamt angeschlossen werden.

Bequemer für den Inhaber der Hauptstelle lässt sich die Einrichtung in folgender Weise treffen:

Es seien z. B. vier Stellen A, B, C und D einzurichten, welche unter sich und mit dem Vermittelungsamt verkehren sollen, und zwar sei A die Hauptstelle, etwa das Comptoir des Theilnehmers, B, C und D Lager oder Werkstätten. Dann wird zunächst die Hauptstelle A an das Vermittelungsamt durch eine Leitung angeschlossen. Diese Leitung endigt in der Hauptsprechstelle nicht an einem Fernsprechapparat, sondern wird mit einem besondern kleinen Klappensystem KK verbunden. Die von den Stellen B, C und D zur Hauptstelle führenden drei Leitungen werden ebenfalls an

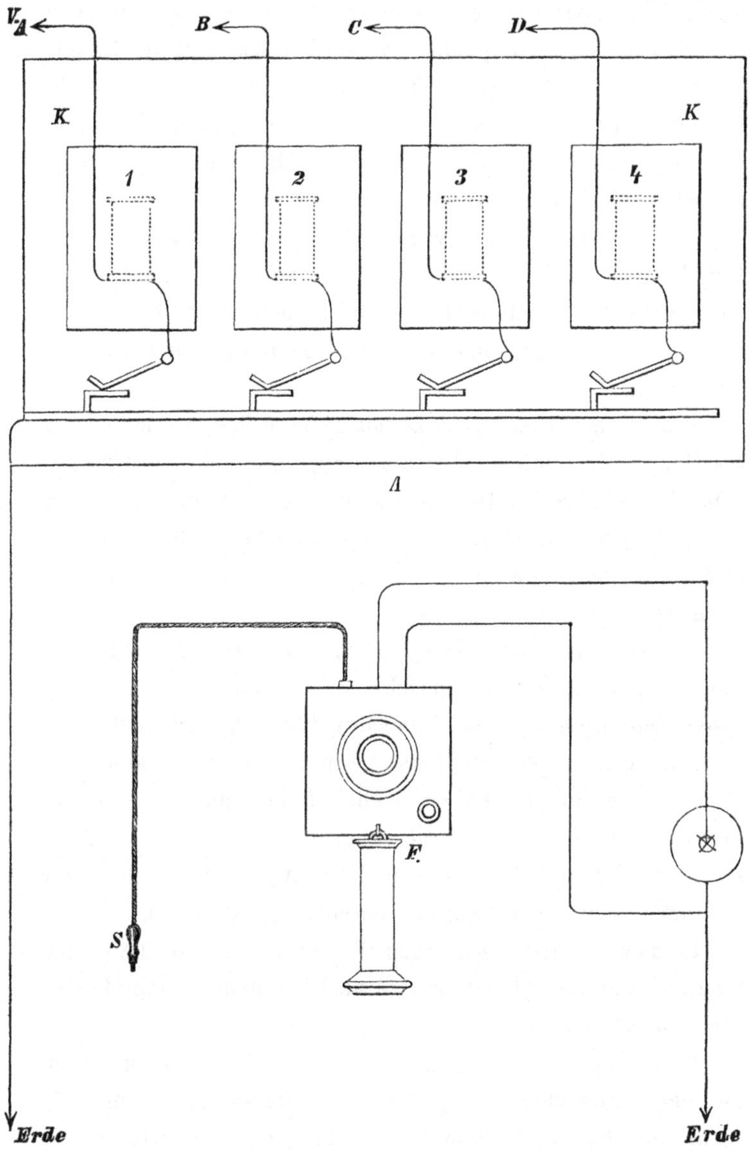

Fig. 51.

8*

dies Klappensystem, welches demnach vier Nummernklappen enthalten muss, herangeführt. Ausserdem wird auf der Hauptstelle A ein vollständiges System für eine Endstelle aufgestellt, an dessen Leitungsklemme anstatt der Leitung eine Leitungsschnur mit einem Stöpsel befestigt ist. Die ganze Einrichtung ist schematisch in der Figur 51 dargestellt.

KK ist das Klappensystem mit den vier Klappen 1, 2, 3 und 4. Der Electromagnet der Klappe 1 ist mit der Leitung nach dem Vermittelungsamt, die Klappen 2, 3 und 4 mit den zu den Sprechstellen B, C und D führenden Leitungen verbunden.

Will eine Stelle, etwa D mit A sprechen, so weckt sie die Hauptstelle, auf welcher die Klappe der Nummer 4 herabfällt, der Inhaber der Hauptstelle A steckt dann den Stöpsel S der Leitungsschnur in die Ausschaltevorrichtung der Klappe 4 und verbindet dadurch seinen Apparat F mit der Leitung nach D.

Wünscht die Stelle D mit B zu sprechen, so meldet sie der Hauptstelle ihren Wunsch, worauf diese mittels einer losen Leitungsschnur die Nummern 4 und 2 verbindet.

Ebenso kann jede Stelle das Vermittelungsamt in ähnlicher Weise zugeschaltet erhalten, während die Hauptstelle A nur den Stöpsel der am Apparat hängenden Schnur in die Ausschaltevorrichtung der Nummer 1 (V. A.) zu setzen hat, um mit dem Vermittelungsamt in Verbindung zu treten.

In dieser Weise kann ohne Wissen der Hauptstelle weder eine Nebenstelle mit der andern noch mit dem Vermittelungsamt correspondiren.

Eine ähnliche Schaltung ist in Figur 52 dargestellt. Hier ist der Unterschied der, dass die Stellen B, C und D wohl mit der Hauptstelle und unter sich, aber nicht mit dem Vermittelungsamt sprechen können, was der Hauptstelle mit Hülfe eines besondern Apparates und der nach dem Vermittelungsamt führenden, nicht an das Klappensystem angeschlossenen Leitung vorbehalten ist. Derartige Privat-Vermittelungsämter werden bestimmungsmässig nur dann

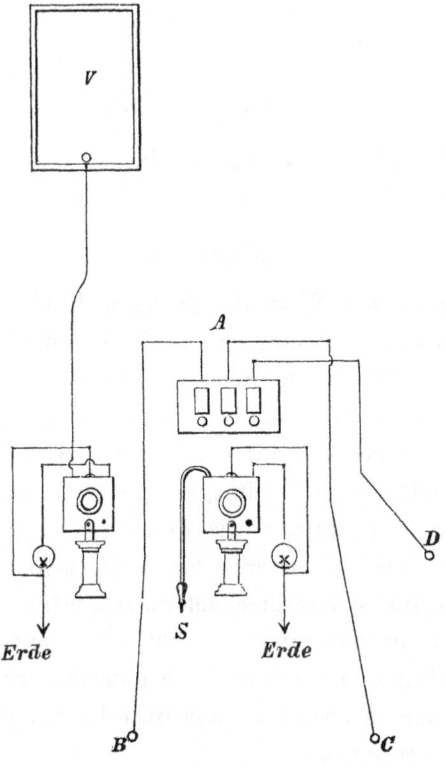

Fig. 52.

eingerichtet, wenn mehr als zwei Leitungen für einen Theilnehmer in denselben Raum eingeführt werden sollen. In dem erstbeschriebenen Falle werden die sämmtlichen Leitungen bei Berechnung der Gebühren als Leitungen für End-

stellen, im letzteren Falle die eine Leitung als Leitung für
eine Endstelle, die drei anderen, welche nicht mit dem Vermittelungsamt verbunden werden können, als directe Leitungen
betrachtet.

———

FÜNFTES KAPITEL.

Der Betrieb.

———

1. Allgemeines.

Es liegt in der Natur der Sache und ist eng mit dem
Zwecke der ganzen Anlage verknüpft, dass der Betrieb nicht
allein auf möglichst sicheren Grundlagen ruhen, sondern
auch möglichst prompt und schnell von Statten gehen muss.
Die erstere Bedingung wird durch eine recht solide Anlage,
genaue Regulirung der Leitungen, gut in Stand gehaltene
Batterien und Apparate, sowie durch sichere Erdleitungen,
soweit wie dies bei oberirdischen Leitungen, welche dem
Einfluss der Atmosphäre direct unterliegen, möglich ist, erfüllt;
die zweite Bedingung erfordert nicht allein ein schnelles und
sicheres Arbeiten der auf dem Vermittelungsamt wirkenden
Beamten, sondern auch eine praktische Unterweisung der Inhaber der Fernsprechstellen.

Es genügt nicht allein, dass der das Vermittelungsamt
bedienende Beamte ein zuverlässiges Gehörorgan besitzt, sein
Gehörorgan muss auch befähigt sein, den Unterschieden,
welche durch die verschiedenartigsten Sprachorgane und
Sprachweisen der Theilnehmer in den eigenthümlichen Ton-
gebungen des Fernsprechers oft schnell hintereinander kund

gegeben werden, leicht und schnell sich anzupassen. Dies ist bei der erforderlichen schnellen Bedienung des Apparates gar nicht so leicht, es erfordert vielmehr rasche Tonauffassung und längere Uebung. Ausserdem muss das Sprachorgan des Beamten ein passendes, weder zu hoch noch zu niedrig stimmendes sein. Eine markirte, etwas sonore Stimme mit mässig langsamer Sprechart, ist für den Betrieb am günstigsten.

Die Inhaber der Fernsprechstellen lernen den Betrieb von dieser Seite am besten kennen und ermangeln nicht, gelegentlich zu äussern, dass sie sich mit diesem oder jenem Beamten am leichtesten und schnellsten verständigen können. Es ist ferner von grossem Nutzen, wenn der Beamte nicht allein gutes Gehör und ein gutes Sprachorgan besitzt, sowie die Verbindungen schnell und sicher ausführt, sondern wenn ihm auch ein gutes Gedächtniss gegeben ist. Wenn der Betrieb, wie es stundenweise geschieht, plötzlich steigt, wenn schnell hintereinander, oft zugleich, eine Anzahl Klappen niederfallen, Verbindungen aufgehoben werden, besetzt gewesene Nummern andern Theilnehmern, welche vorher zu benachrichtigen sind, überwiesen werden müssen, wenn dies Alles in kurzer Zeit bewältigt werden soll, dann muss der Beamte einen sicheren Blick und ein gutes Zahlengedächtniss besitzen, falls er nicht Beschwerden und ungeduldige Erregung der Theilnehmer hervorrufen will.

2. Der Betrieb der Fernsprechstellen.

Die dem Inhaber einer Fernsprechstelle bei Einrichtung derselben ertheilte Unterweisung trägt sehr viel zum glatten und schnellen Betriebe bei.

Vorzüglich ist dem Inhaber die Haltung des Fernsprechers beim Sprechen und Hören praktisch klar zu machen, ihm die erforderliche Belehrung über die Weckvorrichtung zu ertheilen und zwar ganz besonders dahin, dass er auf einen, hinlängliche Zeit andauernden Druck auf den Weckerknopf Behufs des Weckens hingewiesen wird. Gerade in dieser Beziehung laufen manche Klagen von Theilnehmern ein, welche angeblich einen andern nicht haben wecken können, weil sie mit einem leichten, stossweisen Druck auf den Knopf, wodurch der Batteriecontact vielleicht nicht einmal ordentlich geschlossen wurde, dem Erforderniss genügt zu haben glaubten.

Im Uebrigen ist der Betrieb auf den Fernsprechstellen ein sehr einfacher und wickelt sich unter Zuhülfenahme des jeden Theilnehmer übergebenen Verzeichnisses, welches die Nummern und Namen sämmtlicher Theilnehmer enthält, und der für die Theilnehmer auf einem kleinen Bogen abgedruckten kurzen Unterweisung leicht ab.

Vor Allem ist der Theilnehmer darauf aufmerksam zu machen, dass er seinen Fernsprecher, so lange er keine Gespräche führt, an dem Haken belässt, weil, wenn dies unterlassen wird, der Wecker ausgeschaltet ist und nicht in Thätigkeit treten kann (siehe Seite 77).

Will der Theilnehmer das Vermittelungsamt rufen, so drückt er zunächst mit einem einige Sekunden dauernden Druck den Weckerknopf seines Apparates, löst somit die betreffende Klappe auf dem Vermittelungsamt aus und hält gleichzeitig den Fernsprecher an das Ohr. Der Beamte verbindet seinen Sprechapparat in der Seite 101 beschriebenen Weise mit der Leitung des Theilnehmers und sagt: „Hier Amt, was beliebt?" Will der Theilnehmer mit einem Andern sprechen, so nennt er die Nummer des gewünschten Theilnehmers, der Beamte antwortet, falls die betreffende Nummer frei ist, „Bitte rufen" und verbindet sogleich die betreffenden Nummern mittels einer Leitungsschnur. Dann muss der rufende Theilnehmer mehrere Sekunden lang abermals seinen Weckerknopf drücken, um den Gerufenen durch das Tönen des Weckers aufmerksam zu machen.

Der rufende Theilnehmer muss, sobald er den zur Unterhaltung gewünschten andern Theilnehmer weckt, seinen Fernsprecher am Ohr behalten, um sogleich die Antwort entgegennehmen zu können.

Nachdem die Gegenmeldung des Gerufenen „Hier NN., wer dort?“ erfolgt ist, beginnt die Unterhaltung mit der Antwort „Hier NN“. Der Abschluss der Unterhaltung wird zweckmässig durch die gegenseitige Meldung „Schluss“ bezeichnet, um vergebliches Warten und Missverständnisse zu vermeiden.

Theilnehmer, welche vielfach zusammen correspondiren, können ihre Unterhaltung sehr dadurch abkürzen und sichern, dass sie ein nur ihnen bekanntes, für jeden einzelnen besonders ausgewähltes Erkennungswort verabreden und durch das Vernehmen dieses Wortes sogleich wissen, mit wem sie sich unterhalten.

Ist die vom Theilnehmer gewünschte Nummer besetzt, so sagt der Beamte: „Besetzt, werde melden, wenn frei.“ Der rufende Theilnehmer erwidert: „Verstanden“ und hängt seinen Fernsprecher wieder an den Haken, bis sein Wecker vom Vermittelungsamt aus in Bewegung gesetzt wird, wonächst er den Fernsprecher wieder abhebt und dem Vermittelungsamt seine Bereitschaft mit dem Worte „Hier“ meldet. Das Vermittelungsamt sagt ihm nunmehr: „Nummer .... jetzt frei, bitte rufen.“ Dann verfährt der Theilnehmer in der zuerst beschriebenen Weise.

Nach Beendigung eines Gespräches soll derjenige Theilnehmer, welcher die betreffende Verbindung veranlasst hat, als Schlusszeichen abermals seinen Weckerknopf drücken und seine Nummernklappe auf dem Vermittelungsamt hierdurch auslösen, um dem Amte das Zeichen zu geben, dass die Verbindung wieder aufgehoben werden kann.

Gegen diese sehr zweckmässige und nothwendige Massregel, welche allein verhindern kann, dass nicht mehr besetzte Nummern vom Beamten irrthümlicher Weise als besetzt erklärt werden, wird Seitens mancher Theilnehmer oft gefehlt. Dem Vermittelungsamt bleibt zwar das Mittel, nach einer hinlänglichen Zeit mittels des einzuschaltenden Control-Apparates zu prüfen, ob in den beiden miteinander verbundenen Leitungen noch gesprochen wird, indessen ist dies bei regem Betriebe nicht immer oder doch nur schwer durchführbar. Um die gewünschten Verbindungen durch das Vermittelungsamt in der vorbeschriebenen Weise leicht und schnell bewirken lassen zu können, erhält jeder Theilnehmer ein Verzeichniss, in welchem sämmtliche an das Vermittelungsamt angeschlossene Personen unter Angabe der Nummern ihrer Leitungen in alphabetischer Reihenfolge, nach Beschäftigungsarten und nach den laufenden Nummern der Leitungen geordnet, aufgeführt sind, sodass man jeden Theilnehmer in kürzester Frist mit seiner zugehörigen Nummer ermitteln kann.

3. Der Betrieb auf dem Vermittelungsamt.

Für je 100 Nummern sind auf dem Vermittelungsamt drei Sprechapparate vorgeschrieben. Wie die Figur 48 zeigt, hängt neben jedem System von 50 Nummern je ein Apparat (mit Oesen zum Aufhängen jedoch ohne Weckerglocke, aber mit Weckvorrichtung) und in der Mitte zwischen den beiden Systemen ein dritter Apparat.

Die beiden zu den Seiten der Systeme hängenden Apparate sind mit den an dem untern Rande der Systeme befindlichen Ausschaltevorrichtungen a und a_1, der dritte Apparat mit zwei Ausschaltevorrichtungen zugleich verbunden, wie dies auf Seite 106 näher erläutert worden ist.

Der Beamte hat es demnach in seiner Hand, während des Betriebes die ihm am bequemsten liegende Vorrichtung bzw. den ihm zunächst befindlichen Sprechapparat zu benutzen; es ist auch die Möglichkeit gegeben, zwei Systeme mittels der Apparate bei starkem Betriebe durch zwei Beamte gleichzeitig bedienen zu lassen.

So lange nur 100 in zwei Systemen zu je 50 Klappen nebeneinander stehende Nummern zu bedienen sind, können Verbindungen schnell, leicht und sicher ausgeführt werden. Als Regel ist festzuhalten, dass durch das Einsetzen des Stöpsels in die unter der rufenden Nummer befindliche Ausschaltevorrichtung der Electromagnet dieser Nummer im Stromkreise bleibt, dass dagegen das Electromagnetsystem der gerufenen Nummer durch Einsetzen des Stöpsels der Leitungsschnur in die an der Seite des Systems befindliche, mit der gerufenen Nummer correspondirende Ausschaltevorrichtung ausgeschaltet wird, damit nicht überflüssiger Widerstand zur Einschaltung gelangt.

Die rufende Nummer muss ihren Electromagneten eingeschaltet behalten, weil der rufende Theilnehmer nach Anleitung seiner Anweisung dem Amt nach Beendigung des Gespräches das Schlusszeichen geben soll, wie dies vorhin erläutert ist.

Wenn verschiedene Nummernsysteme in nebeneinander belegenen Zimmern aufgestellt sind, so wird der Betrieb schon schwieriger. Es ist dann vortheilhaft, zwischen den beiden Zimmern eine Sprachrohrverbindung herzustellen.

Zwischen den Systemen der beiden Zimmer dienen die Hülfsleitungen zur Verbindung der einzelnen Nummern.

Die an die Enden der Hülfsleitungen angesetzten Schnüre sind so vertheilt, dass die correspondirenden Schnüre in beiden Zimmern in gewisser Reihenfolge verschiedenfarbige Umspinnung haben.

Angenommen, in zwei Zimmern ständen zusammen 4 Systeme, im ersten Zimmer die Systeme mit den Nummern 1—50 und 50—100, im andern Zimmer die Nummern bis 200. Die an den Enden der Hülfsleitungen hängenden Schnüre würden etwa folgendermassen auszuwählen sein:

Neben dem System 1—50 sind erforderlich

4 Leitungen mit 4 Schnüren für das System 101—150

4   „   „ 4   „   „   „   „   151—200

Neben dem System 51—100 sind erforderlich

4 Leitungen mit 4 Schnüren für das System 101—150

4   „   „ 4   „   „   „   „   151—200

Jedes System von 50 Nummern hat demnach an der einen Seite 8 Hülfsschnüre (ausserdem noch die zwischen je zwei nebeneinander stehenden Systemen hängenden, zur Verbindung der Nummern 1—50 mit den Nummern 51—100; 101—150 mit den Nummern 151—200 dienenden Schnüre). Dann würde man zweckmässig für die Schnüre 4 verschiedene Farben wählen, sodass beispielsweise die correspondirenden Schnüre für die Systeme 1—50 und 101—150 grün, für die Systeme 1—50 und 151—200 blau, für die Systeme 51—100 und 101—150 roth, für die Systeme 51 bis 100 und 151—200 gelb gefärbt wären.

Will z. B. die Nummer 10 mit der Nummer 180 sprechen, so weiss der Beamte, dass die Verbindungsschnüre der Systeme 1—50 und 151—200 in beiden Zimmern blau sind, er braucht dann nur durch das Sprachrohr zu rufen:

„Nummer 180, erste blaue."

Ist die erste Schnur nicht frei, so ruft er:

„Nummer 180, zweite blaue,"

oder dritte, je nachdem eine Schnur frei ist.

Dieser Farbenunterschied erleichtert den Betrieb und die Geschwindigkeit der Manipulationen in hohem Masse und lässt jede Irrung bei einiger Aufmerksamkeit ausgeschlossen. Nothwendig ist nur, dass die Schnüre in jedem Zimmer nach einem bestimmten Grundsatz nummerirt werden und dass auf den Leisten, welche die zur Verbindung der Schnüre mit den Hülfsleitungen dienenden Klemmen tragen, der Zweck der Schnüre bezeichnet ist und zwar derart, dass auf einer über je 4 Schnüren befindlichen kleinen Tafel die Nummern desjenigen Systems angegeben sind, welches durch die betreffenden Schnüre in dem andern Zimmer erreicht werden kann.

In dem beschriebenen Falle würden z. B. über den 4 Schnüren, welche das System 1—50 mit dem System 101—150 verbinden, die Bezeichnungen 101—150 bzw. 1—50 anzubringen sein, damit man in jedem Zimmer auch ohne Kenntniss der Farbenbezeichnungen wissen kann, an welchem Nummernsystem die Schnüre im anderen Zimmer endigen.

Ist das Vermittelungs-Amt von noch grösserem Umfange, wie z. B. in Hamburg, wo in zwei nebeneinanderliegenden Zimmern je 200 Nummern sich befinden, so ist die beschriebene sorgfältige Farbenauswahl und Vertheilung sowie die Bezeichnung der Schnüre für den sicheren Betrieb ganz unumgänglich, da hier neben jedem System von 50 Klappen nicht weniger als 24 Schnüre in 6 Gruppen zu je 4 gesondert, nothwendig sind.

Liegen zwei Vermittelungs-Aemter räumlich so getrennt, dass ihre Verbindung untereinander nur durch Hülfe von besondern Vermittelungs-Sprechleitungen, deren Anzahl sich nach der Höhe des Verkehres zu richten hat, möglich ist, so können diese Leitungen auf jedem Vermittelungs-Amt mit auf ein Klappensystem geschaltet werden.

Eine der Leitungen wird dann zweckmässig als Sprechleitung zu dienstlichen Zwecken benutzt.

Will ein an das Vermittelungs-Amt A angeschlossener Theilnehmer mit einem an das Vermittelungs-Amt B angeschlossenen Theilnehmer sprechen, so kann dies in folgender Weise bewirkt werden: Der Theilnehmer ruft zunächst das Amt A und theilt diesem seinen Wunsch, über B hinaus mit der Nummer x zu sprechen mit.

Das Amt A weckt nunmehr auf der Dienstleitung das Amt B und fordert dieses auf, die gewünschte Nummer mit einer Hülfsleitung zu verbinden, ersucht dann den rufenden Theilnehmer zu wecken und verbindet gleichzeitig die betreffende Hülfsleitung mit der Leitung des rufenden Theilnehmers, worauf dieser unmittelbar die gewünschte Nummer wecken kann, ohne sich mit dem Amt B erst verständigen zu müssen.

Selbstverständlich muss das Amt A so verbinden, dass der Electromagnet der Nummer des rufenden Theilnehmers in der Leitung bleibt, während das Amt B den Electromagneten der Hülfsleitung sowohl wie den der Nummer des gerufenen Theilnehmers ausschalten kann und von der Beendigung des Gespräches vom Amt A benachrichtigt wird. In dieser Weise bleibt nur ein Electromagnetsystem in den Leitungen eingeschaltet.

Einschaltung der Control- und Aufnahme-Apparate.

Die Controlapparate, deren Einschaltung Seite 111 näher erläutert worden ist, dienen dazu, um ein Urtheil über die Betriebsfähigkeit zweier combinirten Leitungen zu gewinnen, sowie um in den Stand gesetzt zu sein, bei Ausserachtlassung des Schlusszeichens festzustellen, ob noch in den Leitungen gesprochen wird.

Die Einschaltung des Apparates zum Aufnehmen von Nachrichten erfolgt auf Wunsch der Theilnehmer, eine Nachricht zu diktiren.

Dieselbe wird je nach ihrer Form als Telegramm, Postkarte oder Brief aufgenommen. In eine besondere Nachweisung werden die zur Controle und Abrechnung erforderlichen Notizen, (Nummer des Theilnehmers, Art der Nachricht, Wortzahl u. s. w.) eingetragen.

Das Vermittelungs-Amt kann als Zweigannahmestelle des Telegraphenamts eingerichtet sein, sodass jedes Telegramm auf dem Vermittelungs-Amt gleich eine besondere Nummer erhält und in ein Einnahmebuch über Telegrammgebühren eingetragen wird. Um diese Telegramme, deren Gebühren gestundet werden, Behufs der leichten Controle zu kennzeichnen, ist es dann zweckmässig, ein besonderes Unterscheidungszeichen im Kopf beizufügen (z. B. Berlin von Hamburg F) ausserdem für die Abrechnung sehr erleichternd, auf dem Telegramm die Nummer des Theilnehmers zu vermerken.

Die Telegramme können so vom Vermittelungs-Amt unmittelbar dem Instradeur überwiesen werden.

Briefe und Postkarten werden auf Wunsch durch Eilboten bestellt.

Zur Erleichterung der Nachrichtenbeförderung dient es, wenn das Vermittelungs-Amt mit der Abfertigung des in demselben Gebäude befindlichen Telegraphen oder Postamts durch eine Weckerleitung in Verbindung steht, damit jeden Augenblick ein Eilbote auf ein bestimmtes Signal herbeigerufen werden kann.

4. Die Führung des Tagebuches.

Jedes Vermittelungs-Amt führt ein Tagebuch, aus dessen Inhalt das Datum, die Zeit, zu welcher zwei Leitungen verbunden werden, sowie die Nummern der Leitungen zu ersehen sind.

Auf diese Weise ist es möglich, jederzeit genauen Nachweis über sämmtliche Statt gehabte Verbindungen zu liefern, was zuweilen von den Theilnehmern erbeten wird, um im eigenen Interesse in zweifelhaften Fällen Auskunft zu geben oder zu verlangen.

In dies Tagebuch werden auch Notizen über Störungen, und besondere Vorkommnisse im Betriebe aufgenommen.

Sechstes Kapitel.

Oeffentliche Fernsprechstellen.

Oeffentliche Fernsprechstellen sind Einrichtungen, deren Benutzung unter gewissen Bedingungen entweder nur den Theilnehmern der Anlage oder überhaupt Jedem gestattet werden kann. Zur ersten Art der Fernsprechstellen mit beschränkter Oeffentlichkeit gehören die in den Börsen grosser Städte eingerichteten Sprechzellen, zu denen mit unbeschränkter Oeffentlichkeit die bei einzelnen Post- oder Telegraphen-Aemtern getroffenen Einrichtungen zum Sprechen.

1. Die Börsenzellen.

Die Börsenzellen bezwecken, dem die Börse besuchenden Theilnehmer Gelegenheit zu geben, während der Dauer der

Börse mit irgend einem Theilnehmer der Fernsprechanlage in Verbindung treten zu können. Dazu gehört in erster Linie die Herstellung von Räumlichkeiten, welche ein Mithören gesprochener Worte von Aussen verhindern.

Fig. 53.

Ein solcher an das Vermittelungsamt durch eine besondere Leitung angeschlossener Raum, Fernsprechzelle genannt, kann aus einem Gerüst von 7 : 10 cm starken Kreuzholz, welches von beiden Seiten verschalt ist, hergestellt werden.

Der Zwischenraum zwischen der innern und äusseren Verschalung ist mit einer Füllung aus gut gemischtem Lehm und Sägespähnen bestehend, fest ausgestopft.

Die in ähnlicher Weise hergestellte Thüre ermöglicht durch einen schrägen Anschlag einen recht dichten Schluss.

Die Thür ist innen und aussen mit einem Handgriff versehen und kann mittels des Hebels h fest geschlossen werden. Der an der Seitenwand der Zelle befestigte und um eine horizontale Axe drehbare gebogene Hebel greift, wenn die Thüre mittels des Handgriffes angezogen und der Hebel niedergedrückt wird, mit seinem vorderen hakenförmig umgebogenen Ende in eine an der Innenseite der Thüre befindliche Krampe K und zieht die Thüre fest zu.

Um auch die Möglichkeit zu haben, die geschlossene Thüre von aussen zu öffnen, ist die Krampe so eingerichtet, dass sie durch die Thüre hindurchgreift und an der Aussenseite durch eine aufgesetzte Flügelschraube festgehalten wird. Entfernt man die Flügelschraube und zieht die Thüre von aussen an, so giebt die Krampe nach, bleibt im Haken des Hebels hängen und die Thüre öffnet sich.

An der einen Seitenwand hat die Zelle ein 20 cm breites und 26 cm hohes Fenster, welches an der Innenwand sowohl wie an der Aussenwand durch je eine Glasscheibe geschlossen ist, sodass zwischen den Scheiben sich eine Luftschicht von 10 cm Tiefe befindet. Die Erleuchtung erfolgt von aussen durch eine vor dem Fenster angebrachte Gasflamme.

Der innere Raum der Zelle wird zunächst mit einer Schicht dünner Pappe bekleidet; darauf folgt eine Schicht Filz auf Leisten (um eine Luftschicht zwischen dem Filz und der Pappe zu erzielen) und auf die Filzschicht eine Bekleidung von leichtem Baumwollenstoff oder von Tapete.

Die Zelle ist 1,60 m tief, 1,30 m breit und 2,25 m hoch.

Der innere Raum hat 1,50 m Tiefe, 1,10 m Breite und 1,85 m Höhe.

Der Fernsprechapparat ist an der Hinterwand der Zelle aufgehängt. Die Weckerbatterie kann für mehrere Zellen gemeinschaftlich und ausserhalb der Zellen angebracht sein. Wenn die Zelle gegen die Wand eines Zimmers aufgestellt wird, so kann man die Herstellung der Rückwand ersparen. Nothwendig ist es, solche Zellen mit einer geeigneten Ventilationsvorrichtung zu versehen, etwa mit einem von der Decke ausgehenden Rohre, welches, wenn möglich, bis in einen unbenutzten Raum oder durch die Mauer in das Freie geleitet wird.

Eine Zelle ist so schalldicht, dass selbst laut im Innern gerufene Worte bei gespannter Aufmerksamkeit einer aussen dicht an der Zelle stehenden Person nicht verständlich sind. In mässigem Tone gesprochene Worte sind aussen überhaupt fast gar nicht hörbar. Der im Innern der Zelle Eingeschlossene hört ebensowenig etwas vom Geräusche der Aussenwelt und kann demnach ungestört mit irgend einem Theilnehmer sich unterhalten.

Der Betrieb wickelt sich in folgender Weise ab:

Der in die Zelle Tretende drückt den Weckerknopf und weckt das Vermittelungsamt, dem er seine Wünsche in früher beschriebener Weise zu erkennen giebt. Das Vermittelungsamt verbindet ihn sodann mit dem gewünschten Theilnehmer.

Es ist auch die Möglichkeit gegeben, dass irgend ein Theilnehmer einen Börsenbesucher an die Zelle zum Sprechen heranrufen lassen kann. Der betreffende Theilnehmer auf irgend einer Fernsprechzelle giebt dem Vermittelungsamt seinen Wunsch zu erkennen, dieses benachrichtigt auf einer der Zellenleitungen den Beamten in der Börse, welcher die

Aufsicht über den Betrieb der Zellen führt, und der Letztere schickt einen Boten mit einem Benachrichtigungszettel zu dem Gerufenen und lässt ihn ersuchen, mit Herrn N. N. zu sprechen.

Gewöhnlich sind mehrere Sprechzellen in einem besondern Raum der Börse aufgestellt; die Benutzung richtet sich nach der Reihenfolge der bei dem Aufsichtsbeamten erfolgten Anmeldungen.

Vom Reichs-Postamt ist bestimmt, dass die Benutzung der Börsenzellen zunächst nur denjenigen Theilnehmern der allgemeinen Fernsprechanlage zusteht, welche eine gewisse Abonnementsgebühr jährlich für die Benutzung der Zellen entrichten.

Die neue Einrichtung wird in Berlin sehr viel benutzt. (Siehe S. 138.)

2. Oeffentliche Fernsprechstellen bei Post- und Telegraphen-Aemtern.

Bei einzelnen Post- und Telegraphen-Aemtern werden Sprechstellen eingerichtet, welche von Jedermann gegen Entrichtung einer bestimmten Gebühr benutzt werden können. Die Gebühr beträgt 50 Pf. für je fünf Minuten Sprechzeit.

An dem Schalter des Amts kann man zum Behufe der Zulassung zur Zelle ein Billet — einen Fernsprechschein — für 50 Pf. kaufen, welcher zu einer fünf Minuten währenden Benutzung des Fernsprechers berechtigt. Will Jemand länger als fünf Minuten den Fernsprecher benutzen, so muss er entweder von vornherein mehr als einen Fernsprechschein lösen oder nachzahlen.

Diese öffentlichen Fernsprechstellen sollen nach und nach bei den Post- und Telegraphen-Aemtern in grösseren Städten eingerichtet werden, und es steht zu erwarten, dass die bequeme Einrichtung mit der steigenden Entwickelung des Fernsprechnetzes einer stetig wachsenden Theilnahme Seitens des Publikums sich zu erfreuen haben wird.

Der Betrieb wird genau so wie bei den andern Sprechstellen gehandhabt. Zum Gebrauch des die Stellen benutzenden Publikums liegt in der Stelle das Verzeichniss der Theilnehmer der Fernsprechanlage auf.

Schlussbemerkungen.

Die Fernsprechanlagen in Deutschland sind sämmtlich mit oberirdisch geführten Leitungen hergestellt. Der Grund davon liegt einestheils darin, dass unterirdische Leitungen einen ganz unverhältnissmässigen Kostenaufwand erfordern und grosse Schwierigkeiten bei der Einführung in die Sprechstellen hervorrufen würden, als auch wesentlich darin, dass in mehradrigen Kabeln die Inductionserscheinungen beim Betriebe der Sprechleitungen störend einwirken können. Es käme in Frage, ob nicht zur Vermeidung von inductorischen Erscheinungen einadrige Kabel in Rohrleitungen verwendet werden können. Allein es bleibt immer nicht allein die sehr bedeutende Höhe der Kosten der Anlage in Berechnung zu ziehen, sondern auch der Umstand, dass eine Vermehrung der Leitungen ebenfalls recht kostspielig sein würde. Die unterirdische Anlage der Fernsprechleitungen ist daher bis jetzt noch nicht bewirkt und wird mittels mehradriger Kabel auch wohl überhaupt nicht hergestellt werden können.

Wenn es nothwendig wird, einzelne kürzere Strecken unterirdisch zu führen, so kann man, wenn die Strecke sehr kurz ist (40—50 m), wie bei der Einführung in das Vermittelungs-Amt, mehradrige Kabel ohne Besorgniss, inductorische Wirkungen der einzelnen Adern auf einander zu erhalten, verwenden. Bei längeren Strecken ist dies jedoch bedenklich, da bei einem 400—500 m langen mehradrigen Kabel die genannten Erscheinungen schon störend einwirken können. Ist daher eine streckenweise Führung mittels längerer Kabel durchaus unabweislich, so würden wohl mehrere einadrige Kabel zu wählen sein. Etwas Massgebendes in der genannten Beziehung steht jedoch noch nicht fest.

Auch bei oberirdisch geführten Leitungen treten Inductionserscheinungen auf, sobald sich nur wenige Leitungen an dem Gestänge befinden. Diese kann man dadurch beseitigen, dass eine vorhandene Reserveleitung an irgend einem Punkte mit der Sprechleitung verbunden, das andere Ende derselben etwa in der Sprechstelle mit der Erdleitung in Verbindung gesetzt und in die Reserveleitung ein dem Widerstand der Umwindungen des Fernsprechers gleicher Widerstand eingeschaltet wird.

Beim Mangel einer Reserveleitung kann man in der Sprechstelle selbst, vor dem Eintritt der Leitung in den Apparat einen Nebenschluss zur Erde mit dem genannten Widerstand herstellen.

Bei stark besetzten Linien treten Inductionserscheinungen nicht mehr auf.

Die Ausbreitung der Fernsprecheinrichtungen in den grösseren Städten Deutschlands ist im Verlaufe des Iahres 1881 in ganz überraschender Weise erfolgt; in wenigen Monaten wurden Hunderte von Fernsprechstellen der Benutzung der Theilnehmer übergeben.

Die Betheiligung, zuerst zögernd auftretend, wuchs und wächst noch in hohem Grade; der Fernsprecher dringt in immer weitere Kreise als billiges und bequemes Verkehrsmittel ein, die grösseren Städte überziehen sich immer dichter mit den das gesprochene Wort so geheimnissvoll fortleitenden Drähten.

Es möchte zweifellos sein, dass nach nicht langer Zeit

für jeden Geschäftstreibenden, sowie für den Arzt, für den Rechtsanwalt, für jede wohlhabende Familie der Fernsprecher ein unentbehrliches Mittel im täglichen Verkehr werden wird, dass Comptoire, grössere Wohnungen überhaupt mit Fernsprecheinrichtung versehen, vermiethet werden. —

Die so rasche und umfangreiche Ausdehnung der Fernsprecheinrichtungen und deren solide Einrichtung ist nur möglich geworden dadurch, dass der grosse und leistungsfähige Organismus der Reichs-Post- und Telegraphen-Verwaltung das neue Verkehrsmittel in sein fest gegliedertes, exact arbeitendes Getriebe aufgenommen und entwickelt hat, und den Theilnehmern volle Garantie für sichern und prompten Betrieb bei mässigen Taxen bietet.

In der von Tag zu Tag fortschreitenden Entwickelung der Fernsprechanlagen entfaltet sich nicht allein ein interessantes Bild von der raschen Ausbreitung des neuen Verkehrsmittels, sondern es liefert auch dieses Bild den Beweis, dass die Deutsche Reichs-Post- und Telegraphen-Verwaltung bezüglich ihrer Leistungsfähigkeit bei Herstellung der Anlagen den weitesten Anforderungen in kurzer Zeit zu genügen vermag.

Seit November 1877 sind 1300 Fernsprechstellen in kleineren Orten eingerichtet worden. Es lässt sich leicht ermessen, welchen Einfluss die Hereinziehung einer solchen Anzahl kleinerer Orte in das grosse Telegraphennetz des Reiches ausübt.

Allgemeine Fernsprecheinrichtungen sind bereits in Berlin, Hamburg, Frankfurt a. M., Breslau, Köln, Mannheim und Mülhausen i. E. im Betriebe.

Für Altona, Barmen-Elberfeld, Hannover, Leipzig, Magdeburg und Stettin sind die Anlagen genehmigt bezw. wird an der Ausführung rüstig gearbeitet.

Für eine Reihe weiterer Städte, z. B. für Strassburg i. E., Bremen und Dresden, steht der Bau von Fernsprechanlagen in Aussicht.

Die Gesammtlänge der in den oben genannten sieben Städten im Betriebe befindlichen Leitungen beziffert sich schon auf nahezu 3000 km. Berlin mit 1405 km Leitungen nimmt den ersten Platz ein, darauf folgen Hamburg mit 885, Breslau mit 197, Frankfurt a. M. mit 163, Mannheim mit 157, Mülhausen i. E. mit 87 und Köln mit 69 km Leitungen.

Welche grossen Schwierigkeiten bei Herstellung dieser Leitungen, deren Stützpunkte hoch auf Dächern, oft an schwer zu erreichenden Stellen, anzubringen waren, überwunden werden mussten, kann man z. B. aus der Angabe ermessen, dass in Berlin über 2000, in Hamburg über 900 Stützpunkte aus eisernen Stangen aufzustellen waren.

Die Zahl der angemeldeten Stellen in den sieben erstgenannten Städten beläuft sich auf rund 1700 und steigt jede Woche ganz erheblich.

Etwa 1600 Fernsprechstellen sind bereits dem Betriebe übergeben.

Berlin steht mit etwa 630 angemeldeten Stellen obenan; in Hamburg sind gegen 500 angemeldet*).

In Berlin wird der Verkehr in den Leitungen durch drei Vermittelungsämter wahrgenommen. Dieselben befinden sich in der Französischen Strasse 33, in der Mauerstrasse 74 und in der Oranienburgerstrasse 35.

Von diesen Vermittelungsstellen werden täglich 1400 bis 1500 Verbindungen ausgeführt, zur regsten Zeit in der Minute durchschnittlich zwei Verbindungen.

---

*) Anmerkung. Die vorstehenden Angaben sind dem Stande der Anlagen für November entsprechend, gegenwärtig schon überholt.

Neun Fernsprechzellen in der Berliner Börse vermitteln den Fernsprechverkehr daselbst, und es werden mittels dieser Einrichtungen durchschnittlich täglich 250 Verbindungen zur Ausführung gebracht.

Eine öffentliche Fernsprechstelle besteht im Postamt „Unter den Linden", welche sich eines grossen Beifalls erfreut, sodass die Einrichtung einer zweiten öffentlichen Sprechstelle am Potsdamer Thor bevorstehend ist.

In Hamburg sind sämmtliche Leitungen in ein Vermittelungsamt eingeführt, da die geringere räumliche Ausdehnung der Stadt dies zuliess.

Die Zahl der von diesem Amte täglich ausgeführten Verbindungen beträgt durchschnittlich zwischen 700 und 800.

Eine öffentliche Sprechstelle besteht beim Postamt 9 am Hafenthor.

Mit der fortschreitenden Ausdehnung der Fernsprecheinrichtungen wird zweifellos auch die Entwickelung der technischen Einrichtungen Fortgang nehmen, wie dies ja in der Telegraphie in wenigen Jahrzehnten zu Tage getreten ist. In wenigen Jahren ist das Fernsprechwesen im Gebiete der Reichs-Post-Verwaltung zu einem mächtigen Verkehrsmittel geworden, die Voraussicht des Chefs der Reichs-Post- und Telegraphen-Verwaltung hat sich glänzend bewährt, das im November 1877 noch in der Kindheit befindliche Verkehrsmittel ist in seiner ursprünglichen deutschen Heimath schon stattlich herangewachsen.

Wünschen wir ihm fröhliches Gedeihen durch deutschen Fleiss und deutsche Ausdauer!

Elektrotechnischer Verlag

der

Verlagsbuchhandlung von Julius Springer in Berlin N.,

Monbijouplatz 3.

Bericht über die wissenschaftlichen Instrumente auf der Berliner Gewerbeausstellung im Jahre 1879. Herausgegeben von Dr. L. L ö w e n h e r z, Regierungs Rath bei der Kaiserlichen Normal-Eichungs-Kommission. Mit 292 in den Text gedruckten Holzschnitten. 1880. geh. Preis M. 20.

Bernstein, Alex, Die elektrische Beleuchtung. Mit 16 in den Text gedruckten Holzschnitten. 1880. geh. Preis M. 2.

Dub, Dr. Julius, Der Elektromagnetismus. Mit 120 in den Text gedruckten Holzschnitten. 1861. geh. Preis M. 10.

  — Ueber den Einfluss der Dimensionen des Eisenkernes auf die Intensität der Elektromagnete. Eine Experimental-Untersuchung. 1862. geh. M. 1.

  — Die Anwendung des Elektromagnetismus mit besonderer Berücksichtigung der neueren Telegraphie und der in der Deutschen Telegraphen-Verwaltung bestehenden technischen Einrichtungen. Zweite vollständig neu bearbeitete und unter Berücksichtigung der Fortschritte der Wissenschaft ergänzte Auflage. Mit 431 in den Text gedruckten Holzschnitten. 1873. geh. Preis M. 21.

Geschichte, Die, und Entwickelung des elektrischen Fernsprechwesens. Zweite vermehrte und ergänzte Auflage. Mit 24 in den Text gedruckten Holzschnitten. 1880. geh. Preis M. 1,20.

Goldstein, Dr. Eugen, Eine neue Form elektrischer Abstossung. Mit 6 lithographirten Tafeln. (Untersuchungen über die elektrische Entladung in Gasen. I.) 1880. geh. M. 4.

Grawinkel, C., Kaiserl. Postrath, Die Telegraphen-Technik. Ein Leitfaden für Post beamte und angehende Telegraphenbeamte. Z w e i t e A b t h e i l u n g: Die Lehre von den Apparaten. Eine kurze Anleitung für Post- und Telegraphenbeamte zum Verständniss und zur richtigen Handhabung der zum Betriebe erforderlichen Telegraphenapparate. Mit in den Text gedruckten Holzschnitten. 1876. geh. M. 1,60.

  — Dasselbe. D r i t t e A b t h e i l u n g: Einrichtung und Betrieb einer Telegraphenstation. Eine kurze Anleitung für Post- und Telegraphenbeamte zur richtigen Handhabung der Betriebseinrichtungen. Mit in den Text gedruckten Holzschnitten. Zweite Auflage. 1876. geh. M. 1,20.

  — Dasselbe. V i e r t e A b t h e i l u n g: Die Betriebsstörungen auf Ruhestromleitungen und vereinigten Stationen. Eine kurze Anleitung für Post- und Telegraphenbeamte zur Untersuchung der Stationseinrichtungen und Beseitigung der Störungen. Mit in den Text gedruckten Holzschnitten. Zweite Auflage. 1876. geh. M. 0,60.

    (Die erste Abtheilung ist nicht erschienen.)

Hoffmann, E., Das Telephon. Vortrag, gehalten am 17. November 1877 im Saale des Architecten-Hauses zu Berlin für die Mitglieder des Architecten-Vereins. 1878. geh. M. 0,60.

Kohlfürst, L., Oberingenieur, Die elektrischen Wasserstandsanzeiger. Für Wasserbau- und Maschinen-Techniker, Wasserleitungs-Ingenieure, Fabrik-Directoren, Industrielle u. s. w. Mit 54 in den Text gedruckten Holzschnitten. 1881. geh. Preis M. 2.

Zu beziehen durch jede Buchhandlung.

Nystrom, C. A., Telegraphen-Stations-Director zu Oerebro in Schweden. Rechen-Aufgaben aus der Elektricitätslehre. Besonders für Telegraphenbeamte. Mit einer Figurentafel. 1862. geh. Preis M. 1,20.

Scharnweber, L., Die elektrische Haustelegraphie. Handbuch für Techniker, Mechaniker und Bauschlosser. Mit 97 in den Text gedruckten Holzschnitten. 1880. geh. Preis M. 3,60.

Siemens, Werner, Kurze Darstellung der an den preussischen Telegraphenlinien mit unterirdischen Leitungen bis jetzt gemachten Erfahrungen. 1851. geh. Preis M. 0,80.

— Mémoire sur la télégraphie électrique, suivie du rapport fait sur cette mémoire à l'Académie des Sciences de Paris, dans sa séance du 29. Avril 1851. geh. Preis M. 1.

— Gesammelte Abhandlungen und Vorträge. Mit in den Text gedruckten Holzschnitten, 6 Tafeln und dem Portrait des Verfassers in Stahlstich. 1881. geh. Preis M. 14.

— Dr. C. William, Einige wissenschaftlich-technische Fragen der Gegenwart. Mit 4 lithogr. Tafeln. 1879. geh. Preis M. 3. — (Inhalt: Ueber die Nutzbarkeit der Wärme und anderer Naturkräfte. — Ueber einige Methoden, den elektrischen Strom zu messen und zu reguliren. — Briefe an den Herausgeber der Times.. — Ueber Uebertragung und Vertheilung von Energie, vermittelst des elektrischen Stromes. —

Viechelmann, O., Elemente der unterseeischen Telegraphie. Nach dem Französischen des A. Delamarche frei bearbeitet und nach eigener Erfahrung mit Anmerkungen versehen. Mit einem Anhange: Die Kabellegungen im Mittelmeere. Mit einer lithogr. Tafel und drei in den Text gedruckten Holzschnitten. 1859. geh. Preis M. 2,40.

Zetzsche, Prof Dr. K. Ed., Kurzer Abriss der Geschichte der elektrischen Telegraphie. Unter besonderer Bezugnahme auf die bei Gelegenheit der Wiener Weltausstellung 1873 veranstaltete historische Telegraphen-Ausstellung des Deutschen Reiches entworfen. Mit 51 in den Text gedruckten Holzschnitten. 1874. geh. Preis M. 3.

— Die Entwickelung der automatischen Telegraphie. Mit 41 in den Text gedruckten Holzschnitten. 1875. geh. Preis M. 1,60.

— Handbuch der elektrischen Telegraphie. Erster Band: Geschichte der elektrischen Telegraphie. Bearbeitet von Dr. K. Ed. Zetzsche. Mit 335 in den Text gedruckten Holzschnitten. 1877. geh. Preis M. 18.

— Dasselbe. Zweiter Band: Die Lehre von der Elektricität und dem Magnetismus mit besonderer Berücksichtigung ihrer Beziehungen zur Telegraphie. Bearbeitet von Dr. O. Frölich. Mit 267 in den Text gedruckten Holzschnitten und einer Tafel in Lichtdruck. 1878. geh. Preis M. 14.

— Dasselbe. Dritter Band: Die elektrische Telegraphie im engeren Sinne. I. Abtheilung: Der Bau der Telegraphenlinien. Bearbeitet von O. Henneberg. Lief. 1. 1880. geh. Preis M. 5. Lief. 2. 1881. Preis M. 2,80.

— Dasselbe. Vierter Band: Die elektrischen Telegraphen für besondere Zwecke. I. Bearbeitet von L. Kohlfürst und Prof. Dr. K. Ed. Zetzsche. 1881. geh. Preis M. 25.

Zeitschrift, Elektrotechnische. Herausgegeben vom Elektrotechnischen Verein. Redigirt von Dr. K. Ed. Zetzsche. I. Jahrgang 1880. compl. geh. Preis M. 20.

— Dasselbe. II. Jahrgang 1881. compl. geh. Preis M. 20. —

— für Instrumentenkunde, Organ für Mittheilungen aus dem gesammten Gebiete der wissenschaftlichen Technik. I. Jahrgang 1881. compl. geh. Preis M. 18. —

═══ *Zu beziehen durch jede Buchhandlung.* ═══

Made in the USA
Monee, IL
08 July 2026

56666635R10085